需求侧响应下的电力负荷预测与供需效益协调优化研究

郭　崇◎著

U0338346

中国纺织出版社有限公司

图书在版编目（CIP）数据

需求侧响应下的电力负荷预测与供需效益协调优化研
究 / 郭崇著 . -- 北京：中国纺织出版社有限公司，
2024.7. -- ISBN 978-7-5229-1987-4

Ⅰ . TM714；F426.61

中国国家版本馆 CIP 数据核字第 20240QN983 号

责任编辑：房丽娜　　　责任校对：王花妮　　　责任印制：储志伟

中国纺织出版社有限公司出版发行

地址：北京市朝阳区百子湾东里 A407 号楼　　邮政编码：100124

销售电话：010—67004422　传真：010—87155801

http://www.c-textilep.com

中国纺织出版社天猫旗舰店

官方微博 http://weibo.com/2119887771

天津千鹤文化传播有限公司印刷　　各地新华书店经销

2024 年 7 月第 1 版第 1 次印刷

开本：710×1000　1/16　印张：10

字数：200 千字　定价：96 元

凡购本书，如有缺页、倒页、脱页，由本社图书营销中心调换

前　言

当前电力市场逐渐向动态实时电价过渡，这一过程随着低成本的突破，电力系统的整体效益将大大提高。为此，本书将在考虑电力市场供需匹配以及源荷两侧综合效益最大化的前提下研究需求侧响应问题。首先，从供需匹配角度分析双边交易市场和单边交易市场运行方式，以此对比分析两者的交易模式及均衡机制；其次，以只考虑需求响应总报价、只考虑最高综合价格敏感度以及综合考虑需求响应总报价和价格敏感度为优化目标，筛选项目潜力用户；再次，在充分考虑能效类资源、负荷类资源对负荷形态的影响以及区域内电力用户响应潜力的基础上，按照各自影响机制和先后顺序对负荷形态影响作用进行量化，将原始负荷部分和响应负荷部分进行叠加，提出一种"细分负荷响应资源，叠加传统负荷预测"的负荷预测方法；最后，以电力公司成本和效益为例，阐述需求侧响应成本及效益各个指标计算方法，说明成本—效益分析基本过程，并选取"基于价格"分时电价和"基于激励"紧急需求响应两项需求侧响应措施，按照用户效益最大化原则构建负荷响应模型，探究电力需求变动方式及电力用户最佳电量消费形式，同时通过源荷两侧效益优化使电力系统综合效益达到最大，解决源荷两侧供用电优化问题。

本书的研究工作得到了有关单位的大力支持，特此向支持和关心作者研究工作的所有单位和个人表示衷心感谢。还要感谢硕士研究生刘帅、张杨洋同学为本书出版付出的辛勤劳动。书中有部分内容参考了有关单位或个人的研究成果，均已在参考文献中列出，在此一并致谢。此外，由于时间仓促，再加上作者水平有限，虽几易其稿，难免挂一漏万，欢迎各位读者不吝赐教。

著者

2024 年 2 月 25 日

目　录

第1章 绪论

需求响应（Demand Response，简称 DR）即电力需求响应的简称，是指当电力批发市场价格升高或系统可靠性受威胁时，电力用户接收到供电方发出的诱导性减少负荷的直接补偿通知或者电力价格上升信号后，改变其固有的习惯用电模式，达到减少或者推移某时段的用电负荷而响应电力供应，从而保障电网稳定，并抑制电价上升的短期行为。需求响应是需求侧管理（DSM）的解决方案之一，需求侧管理是通过一系列途径，例如经济补贴手段、强制法律手段、宣传手段等调整用户负荷或者用电模式，引导用户科学合理地用电。需求侧管理是一种重要的节能途径，旨在降低负荷需求，减少装机容量，将部分高峰负荷转移到低谷时期，降低负荷峰谷差。本章节从现状出发，对我国需求侧响应的发展现状和国内外的需求侧响应研究现状进行总体阐述，再论述本书的主要研究目的、内容和路线，从整体上对需求侧响应下的电力负荷预测和供需效益协调优化进行阐述研究。

1.1 我国需求侧响应发展现状

自从 20 世纪 80 年代末开始，我国电力行业开始实行改革，打破垄断，逐步引入竞争机制，先后建立了单一购电模式为主的区域电力市场试点、大用户直购电试点。随着电力改革的不断深入，我国在 1992 年提出了需求侧管理这一概念，但由于当时技术及政策的局限性，没能够推广实施。直到 2010 年，国家发改委出台了《电力需求侧管理办法》这一文件，这为需求侧管理的实施奠定了政策基础。2012 年将北京市、苏州市、唐山市和佛山市四个城市作为首批电力需求侧管理综合试点城市，而上海市为需求侧响应试点。2014年以来，除唐山市，北京、上海、佛山三市和江苏省已成功实施了多次需求侧响应项目，基本是每年夏季实施一两次。其中江苏省需求侧响应从实施范围、响应容量来看均处于国内领先水平。2017年7月江苏省经济和信息化委员会组织省电力公司对张家港保税区、冶金园启动了实时自动需求响应，在不影响企业正常生产的前提下，仅用1s时间就降低了园区内 $5.58 \times 10^5 kW$ 的电力需求，创下了国际先例。

近年来，抽水蓄能、蓄热电锅炉、电动汽车、储能电站等多种设施陆续接入到整个电网中，使需求侧响应的范围和幅度不断加大，尤其是电采暖负荷增长迅速，对配电网负荷产生重要影响，需求侧响应优选用户范围逐渐扩大。

近年来，辽宁省在需求侧响应项目的实施上也取得了一些成果，如下所述：

1.1.1 分时电价

由于电力系统中高峰负荷和低谷负荷差值很大，造成电力系统的低效率运转。所以要想保证电网平稳安全持续地运转，就需要在峰荷期对用户强行拉闸限电；在低谷期令部分发电机组停止工作，造成机组启停频繁、资源浪费、调峰成本高、经济效益低等问题。因此，为了激励电力用户在满足用电需求的前提下主动调峰用电，缓解峰荷用电压力，提高电能使用效益，促使电网稳定运行，辽宁省自1992年起实行了峰谷分时电价，实行范围包括320kV·A及以上大工业用户、100kV·A以上的非工业用电户。峰谷电价分别在平价时段上浮和下浮50%，高峰时段为7：30～11：30、17：30～21：00，低谷时段为22：00～5：00。

随着国民经济及电网发展，用户用电行为有所变化，多种设备陆续接入电网，在分时电价执行的过程中，发现了原有的峰、谷、平时段设置需要调整。因此在新文件中规定：低谷时段由原来的7h（22：00～5：00）延长至10h（21：00～7：00），同时进一步下调谷段电采暖到户电价（0.3298元/kW·h）。

通过分时电价政策引导，合理安排蓄热电锅炉起始运行时间，对需求侧用电负荷有序控制，以达到控制最大负荷幅值及其出现时间、高效利用电网资源的目的，具有明显的经济效益和社会效益。延长低谷时段周期后，变电站主变二次电流变化趋于平缓，峰谷差进一步缩小，负荷侧响应产生明显效果，如图1-1所示。

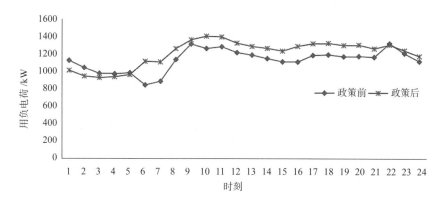

图 1-1　延长低谷时段前后负荷曲线变化

1.1.2　可控负荷管理

辽宁省电力有限公司于 2016 年开展了全省"煤改电"规划及其对电网负荷特性影响研究，根据全省用电锅炉取替小容量燃煤锅炉的"煤改电"改造原则及目标，研究"十三五"期间"煤改电"规划，提出了调整分时电价政策方案，完善了配电网负荷均衡性，实现了需求侧的积极响应。"煤改电"后将采暖负荷分为可控负荷（集中式）和不可控负荷（分散式）。

总体看来，一系列改革的不断推进使我国建立需求侧响应的电力市场积累了一定经验，但在试点运行过程中也暴露了一些问题。比如行政手段多于市场手段，目前用户参与需求响应的动机并不来自价格信号或者激励手段，而是单一的财政补贴，一旦补贴停止，相应的实施项目就难以为继；目前试点的对象主要是工业用户，而且存在一定计划因素，参与主体范围小、互动性不强；由于缺少实时和分时电价，峰谷电价的价差不够大，无法吸引到最有潜力的储能等需求侧资源，所以未来的需求侧响应还有很长的路要走。一方面，未来项目可以将需求侧响应作为售电公司的一项增值业务，售电公司通过收集用户的用电数据，对不同用电设备进行精细化管理，为用户提供智能化、个性化的用电与节电服务，同时售电公司可作为负荷集成商，打包资源参与需求侧响应项目，以此获得额外收益。在成熟的电力市场环境下，需求侧响应既可以参与电能量市场（影响电价），也可以参与容量市场（紧急情况下提供低成本的容量资源），还可以参与辅助服务市场（提供调频、备用、可中断负荷等）。另一方面，需要设计合理可行的市场机制，以保证对所有参与者的公平性，同时确保需求侧愿意长期参与到市场中来，使电力市场设计从以往单一的供应侧管理向供应侧和需求侧双向管理发展，能源规划从过去的供应侧规划走向综合资源规划。

1.2 需求侧响应研究现状

1.2.1 国外研究现状

如果将需求侧管理手段如分时电价、直接负荷控制等作为需求侧响应项目的一部分，那么在国际上需求侧响应项目的实践已有三四十年的历史了。自 1984 年，美国电科院为了应对当时的能源危机，最早提出了需求侧管理（Demand Side Management，简称 DSM）的概念。而从需求侧管理到需求侧响应的研究，则开始于加州电力危机以后。

卡夫（Caves）在 2000 年最早发现了加州电力危机的问题症结，提出了通过实时电价等需求侧响应工具作为整治方案，并构建了相关模型，全面分析了引入实时电价需求侧响应后对峰荷及"价格钉"的削减作用。

自 2001 年以来，国外对需求侧响应的研究逐渐深化，以各种电力市场的运营及管制机构对需求侧响应项目的运行总结和需求侧响应的实际操作为主要研究内容。2002 年，美国联邦能源管制委员会（FERC）深刻地认识到需求侧响应项目的重要作用，并广泛调研了实施需求侧响应项目的系统运营者，总结分析了需求侧响应项目在标准电力市场设计中应考虑的关键因素。

Robert.H.Patrick（2003 年）对实施需求侧响应项目的经合组织国家在实施过程中遇到的主要问题进行了全面总结，介绍了各个国家的实施经验，明确指出了两种需求侧响应机制（基于价格的需求侧响应和基于激励政策的需求侧响应）对电网运营的重要作用。

Kenneth Gillingha（2004 年）提出了需求侧响应项目的成本—效益分析方法，包括成本构成、成本—效益分析过程等内容。并通过响应项目的实例分析，对项目的成本和效益进行了评估。

Chris King（2005 年）围绕可避免电量、可避免负荷和可避免煤耗等几个方面进行研究，同时阐述了长期运行响应项目与能源效率之间的显著相关性。

Bernie Neenan（2006 年）对实时电价项目运行成功因素进行了研究，提出了运行策略：强调在电价项目的执行过程中要做到便捷、公正、信息透明等。为需求侧项目的有效实施消除了障碍。

Goleman C.（2007 年）认为价格机制是电力市场的核心机制，透明的电价机制可以提供可靠的经济信号，实现供需平衡优化配置。很多学者认为，需求侧项目成功与否的关键在于能否让电力用户实时了解到准确的价格信息，并为其提供丰厚的激励补偿支付，从而使其自愿参与到需求侧项目中来，改变传统的用电方式，积极为电力市场作出贡献。

Aalaimi H.（2008 年）描述了需求侧响应项目和电力零售价格为消费者带来的经济利益，并通过算例得出了实施需求侧响应项目不能从零售竞争中获利的结论。同时，通过对大量历史样本数据的模拟分析，得出了价格弹性的测算方法。

Gellings C.W. 和 Kirschen D.（2009 年）论述了需求侧响应实现需要的技术支持，指出了先进计量设备为电力公司带来的效益，同时对目前使用的计量设备的成本—效益进行了调查研究，讨论如何优化商业模式，推广先进计量工具。

Khajavi P.（2010 年）对需求侧项目中实行的激励性支付等相关问题进行了讨论，提出是否有必要将激励手段作为一项长久措施鼓励电力用户参与到需求侧响应项目中来。另外，是否有必要再提出一种长久性机制，让电力用户可以随时对负荷进行削减，改变用电习惯。

Marwan M, et al（2011 年）提出，电力用户能够作为需求侧资源参与到需求侧响应项目的最好方式是价格型需求侧响应。同时指出用户改变用电行为后，在高峰时段进行负荷削减得到的补偿应该小于电力批发价格与没有进行负荷削减时的零售价格的差额。

Venkatesan N.（2012 年）将 DR 和 ESS（Electric Energy Storage System）有效结合，在考虑 DG（Distributed Generation）从电网直接购电和用电满意度等问题的前提下，构建了微电网并网型负荷响应模型，不但减少了 MG(Micro-Grid) 的操作成本，而且提高了用电质量。

Hassan N.U.（2013 年）围绕智能电网中的自动需求侧响应技术进行了应用研究，对智能电网的调度方案进行了优化，保证了智能电网安全稳定的运行。

Fernandes F.（2014 年）基于智能电网下需求响应项目的实施方式，考虑分时电价、补贴政策等因素，计及储能技术和分布式发电技术，构建了需求侧响应项目的配电收益—支出模型。

Amelin M.（2015 年）在风电不确定性的前提下，建立了日前小时电价优化和激励型需求侧响应的风电系统调度二层规划模型。在促进电力用户削峰填谷，有效引导风电接纳，减少火电发电成本的同时，提高了电力用户效益。同时对比分析了调度方式、分时电价、日前小时电价、风电预测偏差及两种需求响应方式下的响应报价对调度结果的作用。

Shah J. et al（2016 年）以分时响应电价为背景，家庭热水器为对象，考虑智能家电的负荷特性以及住宅用户的用电习惯，提出了错峰使用电器的用电方式，构建了常用家用电器的负荷控制策略，不但保证了用户的电量需求，降低了电费支出，提高了用电效率，而且达到了削峰填谷的负荷调节，进而促进了需求侧和供电侧的双向互动，提高了用户参与响应项目的意愿。

1.2.2 国内研究现状

国内对需求侧响应概念的接触始于 2004 年。宋平（2004 年）首次在《需求侧响应在国外电力削峰填谷的应用》一文中引用了"需求侧响应"这一概念，并介绍了一些基本概念，需求侧响应原理以及美国需求侧响应项目的实施经验等。但文章对需求侧响应的理解还不够深入，不够全面，仅仅停留在峰谷转移意义上的需求侧响应。

朱成章（2005 年）在《电力需求侧管理要重视需求侧响应》中介绍了电力市场需求侧响应项目的实际应用情况。特别是需求侧在国际电力市场中的招投标实践中的应用情况，为当前需求侧响应的研究指明了方向，指出我国应密切关注研究需求侧响应机制。

曾鸣（2007 年）在《从需求侧管理到需求侧响应》一文中详尽地论述了需求侧响应的概念及分类，并指出我国实施需求侧项目的意义，说明了"响应"与"管理"的区别与联系，前瞻性地提出了构建参与实时电价响应的电力用户团体及需求侧项目的响应方案。

曾鸣与王冬容（2009 年）分别阐述了在批发市场和零售市场引入需求侧响应的实际运用问题，着重指出了中国应该如何分时分段引入需求侧响应项目，为项目在中国电力市场的应用奠定了基础。

侯贺飞（2010 年）分析了需求侧对电力市场交易的影响，提出了基于环境保护和多目标优化的需求侧响应中短期交易计划修正模型。通过修正灰色预测模型的 β 参数来预测需求侧的月峰荷值、平均值和谷荷值。供电测的发电量计划是根据购电成本、环境保护和网络损失来确定的。在电价变化后，用电价弹性矩阵计算新的决策月峰荷值、平均值和谷荷值，并考虑相应的修订月交易计划。同时通过奖惩费用，使修正后的电量在一定程度上波动时购电价格随之波动，从而影响整个电网购电成本，进一步影响交易计划。该模型对交易中心具有辅助决策意义。

王蓓蓓与李扬（2010 年）详细评述了需求侧管理（DSM）项目的综合效益，认为需求侧管理项目具有私人物品投资特点，但具有公共物品属性特征。针对不同需求方管理项目的特点，制订了规划方案，包括三个不同阶段的模型，即潜在评估模型，筛选模型和计划模型。需求侧管理项目涉及电网公司、电力用户和能源服务公司等，分析了项目从资金投入阶段到实施阶段的利润及潜在风险，并提出政府作为公众利益发言人可以为上述各方承担风险、规避风险，提供保障措施。最后，结合中国国情和需求侧管理项目的特点，设计了政府推进与市场机制相结合的项目实施机制。

陈星莺与陈璐（2010 年）认为需求侧响应是由竞争性电力市场需求侧管理的发展而形成的，引起了电力部门和用户的广泛关注。基于需求侧开放的电力市场，在原对偶内点最优潮流的实时电价算法的基础上，考虑用户参与可中断负荷和需求侧招标项目对系统负载的作用，建立需求响应供电价格模型。IEEE14 节点算例显示了该模型的有效性，计算结果分析需求响应可以缓解电力供应价格。

赵鸿图与周京阳（2011 年）设计了高级计量体系（AMI），它是一个完整的网络，用于测量、收集、存储、分析、使用和传输用户电力数据、电价信息以及系统运行状况，该系统可以有效支持需求侧响应。并总结了 AMI 的典型结构和组成，从用户、公用事业、社会环境和智能电网支持等方面探讨了 AMI 的优势，提出了 AMI 的设计原则，分析了 AMI 与智能电网的关系、AMI 投资中存在的主要问题及对策，同时提出了 AMI 建设的关键问题，旨在为 AMI 的深入研究和实施提供参考。

曾鸣（2011 年）指出了在对这些项目进行评估时，要基于现金流转换的传统估值方法的不足。基于实物期权理论，研究参与需求侧响应项目用户的实物期权绩效。并以需求侧响应项目为例，利用 Black-Scholes 期权定价方法构建了这些项目的价值评估模型。最后，使用来自国外市场的相关数据模拟该模型的应用。通过仿真，研究了用户参与需求方响应时模型的投资决策应用。仿真结果表明，使用实物期权定价方法评估需求侧响应项目的价值可以更好地考虑未来不确定性的影响，以指导参与用户作出合理的计量设备投资和科学的实时用电计划。

程瑜与董楠（2012 年）确定了可以与风力发电的波动性和抗峰化特性相协调的用户侧资源，以吸收更多的风电并网，提高风力发电经济性、构建了匹配风力发电的响应分析模型。该模型使用频域交叉频谱分析方法来比较风电功率曲线和用户需求曲线的频域波动特性。通过比较风力发电顺序与用户电力负荷序列之间的交叉谱密度函数中的相干谱和相位谱，可以确定符合风力发电需求的目标用户组。实例分析结果表明，该模型能够方便有效地定位最接近风电发电周期波动协变的用电资源，积极推进风力发电的经济消纳。

史乐峰（2012 年）认为电动汽车可以作为特殊商品进行充电和放电。根据需求侧管理理论和电价理论，设计相应的电动汽车充放电价格及二者的协调方案，使电动汽车用户能够在适当的时机进行充放电选择，达到降低电力系统运行成本的目的。

孙宇军与李扬（2013 年）阐述了需求响应的运行模式及设计目标，为了促进可再生能源的吸收，将需求响应与促进可再生能源消费之间的关系整合到不同的电力市场组织结构中，将不同运营模式进行对比分析，为实际项目的设计和实施提供参考。

刘壮志与许柏婷（2013 年）深入分析了智能电网的未来发展趋势，阐明了智能电网平台下的需求响应技术的发展前景。研究结果表明，智能电网在未来的开放互动阶段将有利于需求响应技术的发展。运用博弈均衡理论研究了基于智能电网平台的电网—用户需求响应博弈模型，讨论了信息完全的供需放宽时的需求响应均衡博弈问题，得出了博弈市场规则。

王丹（2014 年）指出能源效率电厂是电力需求侧管理的创新模式，可以达到与建设传统电厂及相应的输配电系统相同的目的，同时也可以提高能源使用效率和降低用户能耗。王丹提出了一种通过考虑用户的舒适约束家庭温度控制负荷来构建高能效电厂的方法，该方法采用状态队列响应控制模型来控制热泵负载的开关状态。在通信系统双向可靠性的前提下，通过对单台节能电机的响应控制分析可以看出，能效输出边界对于节能电机有监测和预警作用。该方法为电力集成领域的负荷响应控制提供了一种新的技术途径。

朱兰（2014 年）根据微电网的特点和发展趋势，将需求侧作为能够积极参与微电网规划和运行的动力源，建立了微电网综合资源规划模型。以包含风机、光伏电池、蓄电池、柴油机和部分控制负荷（空调负荷）的微电网为例，采用非线性规划工具来求解综合资源规划模型，通过实例验证了该方法的有效性。通过积极参与需求侧响应的规划以降低峰值负荷，可以实现最小化微电网系统规划总成本的目标。

曾博（2015 年）分析了新能源电力系统的基本特征和内涵，根据资源的分类和特点，总结了不同类型的需求侧响应对新能源电力系统的潜在贡献和影响。在此基础上，以规划、运行、控制和评估为四个维度，总结了新能源电力系统的DR 问题，并对上述研究中值得进一步关注的研究方向提出了相关建议。

赵波（2015 年）建立了需求侧响应模型，以增加储能装置和现有的光伏并网微电网的配置能力，并对分布式光伏发电微网进行了优化配置，提升了微电网的储能效率，带来了经济效益，有效改善了弃光限电现象和高渗透率分布式光伏对系统的影响。

邵靖珂与汪沨（2016 年）构建了微电网经济优化调度模型，该模型考虑了微电网运行特性以及需求侧响应对微电网的影响。以可转移负荷为主要研究对象，从用电需求和微电网的经济和环境效益出发，结合分时电价，对负荷转移时段进行分析。通过比较负荷转移前后每种微源的调度情况，分析负荷转移对总成本的影响。在不增加环境成本的前提下，采用人群搜索算法求解调度模型。实例表明，在微网运行中考虑需求侧响应，可以达到"削峰填谷"，提高微源利用率，降低微网运营成本的目的。

丁一（2017年）认为中国新一轮电力体制改革正在稳步推进，这为电力需求响应发展提供了重要机遇。在此背景下，分析了不同市场条件下电力需求响应方式，提出了适合我国国情的业务模式。通过分析需求响应与电力市场之间的关系，设计了电力市场框架：第一阶段，建立一个相对独立于电力市场且包含需求侧响应的辅助服务市场；第二阶段，建立与电力市场相结合包括需求响应的辅助服务市场。另外还分别介绍了两个阶段的需求响应产品类型、清算方法以及评估方法。

孙宇军（2017年）考虑了源荷两侧资源的不确定性，优化了价格型、激励型需求侧响应和常规发电机、风电和应急调峰资源在不同时间尺度上的协调配置，并构建了日前日内源荷两侧的互动模型。实例分析验证了决策模型的有效性，通过对不同资源类型和不同时间尺度的决策优化，增强了源荷交互的作用效果。

综上所述，需求侧响应的研究热点主要集中在两大方面：一是评估方面，包括需求侧响应的效益评估（经济性方面和市场运营效率方面），如不同需求侧响应机制下的用电成本评估，以及电力用户参与到需求侧响应项目中的效果评价，如响应行为分析、削峰填谷效果、负荷削减量、参与响应次数、反弹负荷量等；二是需求侧参与下的系统调控方面，如对自动响应的用户负荷实现有效监控、各种高级自动响应功能的实现、需求侧作为资源如何参与到电力系统的调节控制中、用户负荷优化调度策略以及"源荷互动"策略等。现阶段这方面的研究主要面向商业电力用户和大工业用户参与响应项目时的系统调控，特别是对温控负荷的响应特性方面的研究，因为这类负荷具有较大的响应潜力。但不难发现，现有研究鲜有考虑在电力市场供需匹配以及源荷两侧综合效益最大化的前提下探究需求侧响应问题。在传统电力市场垂直一体化的运营模式下，电力运营的长期目标是在满足用电需求的前提下，使整个电力系统具有最小的长期供电成本折现值；短期目标则是使整个电力系统具有最小的短期供电成本折现值。而在有需求侧资源参与的电力市场中，电力系统的目标是在满足市场出清量、协调出清价以及满足电力需求的前提下，使电力系统具有最小的短期供电成本折现值。因此，传统运营模式下的均衡目标是在满足预测需求的前提下优化供电方案、降低供电成本。而计及需求侧响应的电力市场均衡则要充分考虑价格对需求的影响，计及需求侧资源对负荷进行准确预测，使市场的出清价格与实施最小成本调度形成的价格相一致。另外，现有的调度计划主要针对单侧进行，没有充分考虑需求侧响应对电力系统综合效益的影响以及价格型需求侧响应和激励型需求侧响应的互补关系，在调度过程中进行源荷两侧协调优化。而且现有研究多围绕工业大用户的需求侧响应进行效益评估，没有深入探讨用户侧如何利用负荷响应提高自身用电效益，如商业用户或居民用户如何对价格或激励政策进行回应，以充分利用价格响应方式和激励响应方式的互补关系制订有效的响应方案。

1.3 研究目的、内容和技术路线

1.3.1 研究目的

（1）检测获得可以真实反映电力用户用电行为的电力数据，结合需求侧响应机制，构建用户用电特征向量，在现行分时电价环境下进行用电行为分析，基于多目标优化筛选具有响应潜力的优质用户，为项目有效实施奠定基础。

（2）分析需求侧响应资源对用电负荷的作用关系，对计及需求侧响应的电力市场进行准确负荷预测，为有效的电力调控提供依据。

（3）根据电力需求变动方式，以用户效益最大化为目标建立负荷响应模型，使用户以最佳的响应方式参与需求侧项目，获得最优的电量消费形式。

（4）以源荷两侧系统综合效益最大化为目标，构建协调优化调度策略，提高需求侧响应项目实施成效。

1.3.2 研究内容

基于上述国内实行需求侧响应的发展背景及研究现状，本书将在考虑电力市场供需匹配以及源荷两侧综合效益最大化的前提下研究需求侧响应问题。在分析电力用户响应潜力的基础上进行多目标优化筛选。深入分析需求侧资源对用电负荷的影响，构建计及需求侧响应的负荷预测模型。以系统效益最大化为目标，构建双侧协调优化模型，结合价格响应和激励响应之间的关系，制订合理的需求侧响应调度策略，不但满足用户用电需求，而且使电力系统的综合效益达到最优。

（1）本书第 2 章从供需匹配角度分析双边交易市场和单边交易市场的运行方式。对比分析两者的交易模式及均衡机制，重点分析价格型需求侧响应和激励型需求侧响应及两者间的关系。并在以上分析的基础上，探讨计及需求侧响应资源的电力市场供需平衡问题，主要包括需求弹性分析、需求侧响应资源影响下的电力市场供求分析及供求均衡点的确定原理。

（2）本书第 3 章深入分析电力用户的用电行为，筛选需求侧响应用户。首先，应用改进的用电特征数据检测算法，通过引入信息熵原则中的最小距离法得到用户特征数据集合簇，将提取的用电特征数据通过 Kohonen 网进行修正，完成用电特征数据的检测；然后，通过改进的 K-means 算法对用户综合用电信息进行聚类分析；最后，以只考虑需求响应总报价、只考虑最高的综合价格敏感度以及综合考虑需求响应总报价和价格敏感度为优化目标，以 Matlab 为分析工具进行优化计算，筛选潜力用户。

（3）本书第 4 章提出了一种计及需求侧响应的负荷预测方法。首先，针对计及需求侧资源的负荷模式与传统负荷模式的不同以及需求侧响应对负荷影响的多元化，分析了当前预测方法的不足，提出了一种基于小波变换模糊神经网络短期负荷预测模型的方法（GNN–W–GAF）；然后，分析了负荷形态的影响因素，主要包括气象因素、电价变化因素、负荷类资源以及能效类资源，探究其对负荷形态的作用形式；最后，根据需求侧资源的响应潜力，将各个影响因素量化建模，提出了一种"细分负荷响应资源，叠加传统负荷预测"的预测方法。在进行实时电价下的短期负荷预测时，通过遗传算法求解价格弹性矩阵，综合考虑气象因子、时间因子以及星期因子选取历史相似日，应用灰色关联度分析、因子匹配系数等方法，使选取的历史相似日与预测日具有较高相关性。并以某变电站中所供电的全部用户以及欧洲负荷预测竞赛智能库为算例研究的数据来源，对提及算法进行仿真分析。

（4）本书第 5 章阐述了需求侧响应成本及效益的各个指标计算方法，说明了成本—效益分析的基本过程。需求侧响应成本可以分为参与成本和系统成本。

需求侧响应项目的效益分为系统效益、用户效益和社会效益三类。在电力系统的运营过程中可以通过跟踪这些效益的流向并结合成本—效益分析来判断需求侧响应项目的实施是否可行。基于用电效益最大化原则，选取"基于价格"的分时电价和"基于激励"的紧急需求响应两项需求响应措施，构建负荷响应模型，探究电力需求的变动方式以及需求侧的最佳电量消费形式。结合实例分析两项措施响应下的电价和需求量的变化关系。

（5）本书第 6 章是对第 5 章研究内容的进一步深化，通过源荷两侧效益优化使电力系统的综合效益达到最大。在充分论证供应侧效益、需求侧效益以及系统运行约束的前提下，构建了双侧效益优化模型。根据模型特点及实际意义采用改进的粒子群算法对模型求解。改进算法不但有效降低了功率失衡量，而且提高了收敛速度。提出的效益优化模型，在满足用电需求和系统运行目标的前提下，明显提高了系统效益；在模型的构建过程中，充分考虑了以下问题：当用户效益降低时，系统应如何调整负荷响应，以使用电量处于平稳状态，保证系统效益最大化；补贴额度应如何设置在合理的区间内，以减少补贴浪费及在一定程度上杜绝补贴套利行为发生。

（6）本书第 7 章提出了两阶段协调优化调度，实现了需求侧响应下的系统综合效益最大化，解决了源荷两侧的供用电优化问题，采用灰狼优化算法进行寻优计算。第一阶段为 DRP 优先响应调度，这一阶段主要用以减少电费支出；第二阶段为 DRA 调度，目的在于提高系统运行性能，如降低系统损耗、减少电压标准偏差、提高负荷因子，使负荷曲线变得平滑。同时 DRP 根据用户特点制定不同激励补偿策略，使用户积极参与需求侧响应，为达到系统效益的最大化作出贡献。通过算例分析得出当 DRP 将最高响应比例按优先排序原则分配给在第一阶段调度中不希望改变负荷计划的注册用户时，系统效益最高；基于实时价格的 DRP 调度可能在非高峰期间产生强劲或微弱的峰值反弹，从而增加系统损耗和电压偏差等具有实际意义的重要结论。

1.3.3　技术路线

本书拟采用理论分析、仿真分析、模拟分析、实例分析相结合的技术路线，如图 1-2 所示。

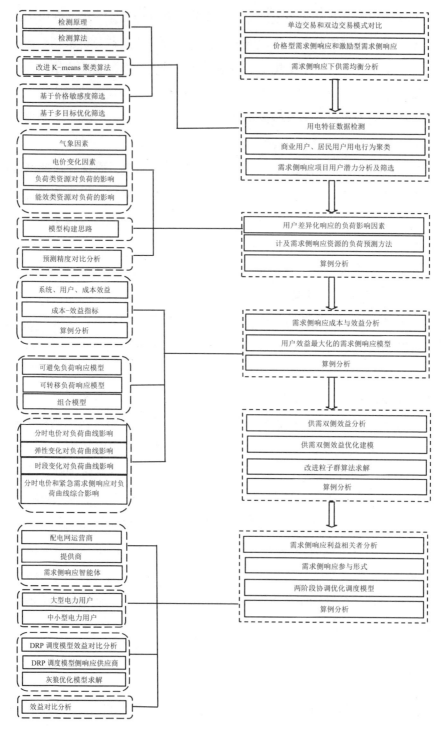

图 1-2　技术路线图

1.4　本章小结

本章主要介绍了 DRS 的研究背景及国内外研究现状。通过对国内外文献的梳理，分析得出需求侧响应研究热点主要集中在需求响应效益评估（经济性方面和市场运营效率方面）及需求侧参与下的电力系统调控两大方面，总结得出现有研究存在的不足，借此引出本书的六项研究内容，并给出研究的技术路线。

第2章 需求侧响应对电力市场
供求影响分析

　　虽然各个国家的电力市场在运行方式上有所不同，但从供需匹配角度来看，主要有双边交易市场和单边交易市场两种方式。本章首先从交易模式及均衡机制两个方面对以上两种市场形式进行了比较分析；然后分析了价格型需求响应和激励型需求响应间的关系；最后在以上分析的基础上，对计及需求侧响应资源的电力市场供需均衡进行了分析，主要包括需求弹性分析、需求侧响应资源影响下的电力市场供求分析及供求均衡点的确定。通过本章的分析将为后文的研究奠定理论基础。

2.1　电力市场概述

　　电力市场具有广义和狭义之分，前者是一种经济制度，指交易关系的总和，主要包括发电商（GenCos）、输电网所有者（TOs）、配电商（LSEs）、独立系统运行员（ISO）和电力交易中心（PX）等成员；后者是指电力交易的场所或范围。其中，发电商主要负责发电厂机组的运营与维护；输电网所有者向所有电能交易者无歧视开放，负责输电设备的投资和维护；配电商负责某地域范围内的电网运行，同时向重点电力用户输送电能；独立系统运行员负责配电网的优化调度，以确保电网长期、可靠、安全地运行，并按照容量投标价格对输电线路的可用容量进行分配，使输电可用容量的总价值达到最大化；电力交易中心负责电力市场建设、电力交易组织和电力市场服务、制订交易方案、接受电力报价等。

2.1.1　电力市场交易的基本模式

各国电力能源等相关机构将电力市场模式视为电力交易的某种方式，即在电力市场的运营中依靠什么样的市场模式才能保证电力系统的供需平衡。在划分电力市场的模式时主要有两种方法：一是按照电力市场开放和竞争程度的不同来划分，可分为垂直垄断模式、发电竞争模式、批发竞争模式和零售竞争模式；二是从供需匹配角度来看，主要有双边交易市场和单边交易市场两种模式。

2.1.1.1　单边交易模式

单边交易也可以称为强制性电力库模式（Mandatory Power Pool），如图 2-1 所示。在该模式下，负荷方被电力市场组织者取代，由市场组织者向发电商招标采购以实现市场供需均衡。Mandatory Power Pool 产生于 20 世纪 90 年代的英国，是目前在加拿大、澳大利亚、新加坡、韩国、希腊等国或其部分地区实行的交易模式。单边交易模式的核心是"强制进场，单边（向）交易"，如图 2-2 所示。

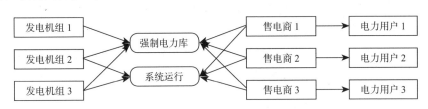

图 2-1　强制性电力库模式示意图

单边交易市场模式的主要特征包括以下三方面：

①交易选择是单方面的。在某一电力交易市场内的发电厂和用电户不允许在市场外单独交易。所有发电厂都必须向市场投标，签订发电合同。所有售电公司、用电户也只能向市场购电，只能与市场签订购电协议。

②交易电价不受需求侧影响。由于交易选择是市场对发电厂的投标进行选择，单边交易市场的电价以基于发电厂间的竞争结果为基础，加上一定比例的交易成本，售电公司和用电户以固定价格购买。

③系统平衡成本较高，需要由交易市场所有参与成员共担。由于选择是单方向的，市场根据系统内交易历史进行的负荷预测，与实际的市场需求差值往往较大，匹配性不够高。为了维持系统平衡，随时需要发电厂增加或减少电源出力，由此产生的额外成本将由市场参与成员共同承担。

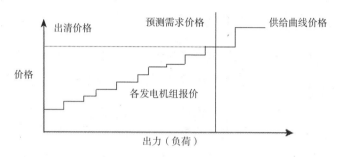

图 2-2　强制库价格形成机理

2.1.1.2 双边交易模式

双边交易通常分为场外双边交易和场内双边交易两种类型，如图 2-3 所示。场外双边交易可以看作是"自由市场"，在供、需双方进行市场交易时，可以自主选择交易对象，获得市场供求信息，单独签订交易合同，以中长期或其他个性化交易为主。场内双边交易包括日前市场和日内市场两种，以现货交易及其他标准化交易为主，由电力交易市场对供需双方的订单进行集中匹配。所有场内双边交易模式采取的都是考虑系统平衡的标准配置，因此，基本上能够满足电力系统实时平衡要求。但是，场外双边交易的控制能力较差，供方或需方中任一方未按照约定的功率和电量履行交易合同，都会使系统向失衡发展。

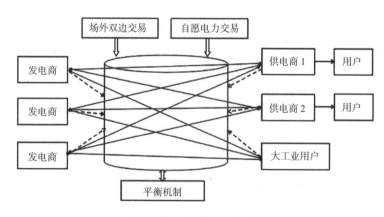

图 2-3　双边交易模式示意图

因此，约束交易者按合同履行承诺尤为重要，双边交易必须配套实行平衡机制（Balancing Mechanism）。电力系统调度运行机构通过执行强制达到电力系统平衡而产生的成本，通过这个平衡机制传递给违约方。因市场成员未履行合同导

18

致系统失衡时，调度机构需要重新调用平衡电量，支付额外的费用或补贴，而该部分费用将由违约方承担。"双边交易"主要有互动自由、价格波动、责任自负等特点，具体如下：

①互动自由。发电和购电方在市场上具有广泛的选择权，这也是目前国际市场上"双边"市场占主导的重要原因。成员可自愿选择交易对象和场外交易或场内交易模式，按原始合同自主制订发电和用电计划，如图 2-4 所示。英国、北欧的电力交易采用的就是这种方式。电力交易场所与调度机构是相对独立运营的，在参与市场交易的各个成员签订合同后，自行安排次日发电、用电计划，再通过日内市场进行调整，最终将短期发、用电方案移交给电力运营机构。

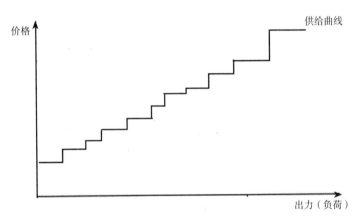

图 2-4　自愿库价格形成机理

②价格波动。由于双边交易供、需双方直接签订合同，供、需双方共同决定价格。在"双边"模式中，无论是场内集中撮合成交而形成的统一出清电力价格，还是场外双边合同拟订的电力价格，均由供、需双方博弈产生。两者的区别在于，前者是由电力市场组织者对卖方供应曲线和买方需求曲线进行了有效整合，代替双方向成交价格进行统一调整，只是简化了谈判过程，提高了效率而已，但出清价格由供、需双方决定的本质并未改变。

③责任自负。双边交易中电力系统平衡靠合同约束。发电和购电方均须为自己的违约行为负责，这是交易自由必须具备的约束条件。英国和北欧的双边交易市场中，为了电力系统平衡而进行的发电厂增减出力或用电户增减负荷量，由调度机构提前采购，签订长期协议，实施指令性调整后支付费用或补贴；未履行双

边交易合同的发电、用电方，按照实际偏差，扣减电费来补充调度结构的付费。美国也是通过建立一个维护实时平衡的单边交易市场，让违约的市场成员承担人为系统失衡责任，承担维护系统平衡的额外费用。

2.1.2 电力市场交易模式对比分析

单边交易与双边交易是用市场机制优化电力资源配置的两种主要模式，具有不同的特征，对比分析如表 2-1 所示。

表 2-1 两种交易模式对比

项目	单边交易	双边交易
交易性质	强制： 供方和需方都只能同市场运行者交易，其交易关系是强制的、单边的	自愿： 供方和需方均可自主选择，其交易关系是自愿的、双边的
市场构架	单一现货市场。所谓同时存在的中长期交易，是"差价合约"一类的金融交易，为市场成员规避风险之用，与电力系统的供需平衡无关	场外双边合同 + 自愿参加的日前市场和日内市场 +（实时）平衡市场，允许场外的实物交易
价格形成机理	卖方决定： 市场出清价格由市场组织者基于发电商的竞争确定，需方是批发价格的被动接受者	供、需双方都参与批发市场竞价，无论是场外的供、需直接交易，还是场内的集中撮合交易，市场价格都是由买、卖双方共同决定的
系统平衡方式	集中调度、成本共担： 系统能量平衡靠集中调度。由此而导致的平衡成本由市场成员共同负担	合同约束、成本自担： 系统能量平衡靠合同约束，违约导致的系统能量平衡成本由违约者自担
市场设计理念	集中决策： 强调电力产品的特殊性，认为"交易基于系统需求预测"的集中决策体制，对电力系统的安全可靠仍然重要，制度"成本—收益"的关系较好	分散决策： 强调电力与其他大宗商品的共性，认为"自由交易、自负其责"的分散决策体制，也可与电力系统可靠性要求相兼容，而市场运行的效率更高

2.2 需求侧响应分类

需求侧响应概念由美国能源部在 2006 年提出：需求侧响应是指处在竞争环境的电力市场，由于高电价的出现以及电力系统的稳定性受到威胁时，市场组织者利用激励手段或经济措施促使电力用户用电行为的转变。而且按照电力用户作为需求侧响应形式的不同，将需求侧响应划分为激励型需求侧响应和价格型需求侧响应。

2.2.1　基于激励的需求侧响应

基于激励的需求侧响应是指激励电力用户制订合理的用电计划而实行的确定性或时变性激励政策，促使电力用户可以在出现高电价以及当电力系统的稳定性受到威胁时，采取有效的需求响应方式，从而达到削减负荷的目的。这种响应方式是系统运营商对电力用户的强制中断供电行为，以确保系统运行的可靠性，主要包括直接负荷控制（Direct Load Control，简称 DLC）、紧急需求侧响应（Emergency Demand Response，简称 EDR）、可中断负荷（Interruptible Load，简称 IL）、容量 / 辅助服务计划（Capacity/Ancillary Service Program，简称 CASP）和需求侧竞价（Demand Side Bidding，简称 DSB）等。在这种响应中，激励支付率通常是独立的或叠加在当前电价基础上的，主要有折扣电价和中断负荷补偿两种形式。通常而言，电力用户必须与执行需求侧响应的电力机构签订有关合同才能参与到该类响应项目中。其中负荷使用量及减少量的测算方法、激励支付率、未执行合同相关规定的惩罚方式等，均会在合同中明确规定。

2.2.1.1 直接负荷控制

直接负荷控制是指系统调度机构在电网负荷达到一定阈值的情况下，对部分用电户执行断电指令。这种响应方式快速有效，控制力强，是国内外调整负荷侧水平的一种重要手段。这些可以用于直接控制的用电户一般用电量较大，且不属于生产线类用电产业，生产活动对一定时间的停电有所准备，不影响最终的生产结果。例如冷冻仓库蓄热电锅炉等。当然，这种直接断电控制是在事先约定了执行规则和奖励条件的前提下进行的，直接不意味着突然，通常让用电户按计划方案采取一些停电措施。

2.2.1.2 可中断负荷

可中断负荷涉及范围很广，大到炼钢厂，小到充电宝，这里我们主要指具备一定容量和用电量的可以选择用电时段的用电户。一些高耗能工业项目是这类可中断负荷的代表。其区别于直接控制类负荷的明显特征是这类用户自行安排用电和暂停用电，其响应的动力来自分时电价或负荷高峰中断用电的奖励政策。这种响应广泛存在，往往提前签订好分时段用电的合同，或者在电力市场上投标进行直接交易，都具有很强的计划性，是电力系统平衡调节的最重要部分。

2.2.1.3 需求侧竞价

在需求侧竞价中，电力用户作为需求侧可以通过直接竞价或签订合同的方式参与到电力批发市场的竞争中。当电力用户进行竞价投标时，事先会提供给市场组织者竞标价格及可以削减的负荷量，再由电力公司根据投标结果确定中标者。如果中标的电力用户没有按照事先约定的负荷削减量减少负荷的使用，就会受到相应的惩罚。这类需求侧项目的参与者主要来自电力公司、集团用户及电力零售商。另外，小型电力用户也可以通过提供负荷代理服务的第三方参与到该类响应项目中。这种需求侧响应项目旨在鼓励一些电力大用户在提议约定的价格下或者在补偿价格下自愿减少负荷，通过这种方式可以使电力用户在获得一定经济利益的同时，主动改变用电行为，为电网稳定安全的运行作出贡献。

2.2.1.4 紧急需求响应

紧急需求响应的实施方法是由电力系统运营商提前制订激励支付价格，当电网的安全性和稳定性受到威胁时，电力用户可以减少负荷的使用量，来应对这种威胁电网可靠性的紧急事件。但这种方式完全是以用户自愿参与为前提，对于主动削减负荷的用户会给予激励报酬，而对系统运营商发出的削减通知或请求未作出任何响应者，不会受到任何惩罚。这种类型的响应项目近年来在我国应用较多。

2.2.1.5 容量市场

容量市场项目的实施方法是，事先在电力用户和系统运营商之间制作一个相对合理的双方都认可的负荷削减量和支付价格，一旦发生紧急事件，运营商强制性地要求电力用户依照事先约定的负荷量进行负荷削减，若没有达到约定的削减量将会受到相应的惩罚。而且这种方式强制性地要求不论事故发生与否，参与项目都要向系统运营商支付一笔固定费用。当批发电力市场运营商进行装机容量确定时一般也会运行容量市场项目，这种方式等同于在组织市场中的可中断负荷响应项目。因此容量市场项目可以视为紧急响应和负荷中断响应的结合体。

2.2.1.6 辅助服务项目

该项目主要是将在电力系统运行中的用户可削减负荷作为辅助服务市场的备用负荷。参与该项目的中标用户且为负荷削减作出贡献的用户可以得到与当前发电侧市场价格相同的支付报酬。参与该项目的电力用户较前几种需求响应项目用户应具备更高的准入要求，表现在三个方面：一是响应速度要求更高，前几个项目的响应速度以小时计算，而辅助服务项目的用户响应速度以分钟计算；二是最小容量的限制要求更高；三是电力用户必须安装先进的实时遥信计量装置才可以参与项目。例如理想的项目参与者有：水泵负荷、热水负荷、电弧炼铁炉负荷以及空调负荷等。

2.2.2　基于价格的需求侧响应

价格型需求侧响应是指电力用户可以依据实时电价波动情况，合理地对用电量作出调整，移峰填谷地进行错时用电，以此来节省用电支出或者获得支付补偿。其中包括分时电价、实时电价、尖峰电价和阶梯电价等情况。为了规范项目用户的用电行为及制定合理的收费标准，运营机构事先应与项目参与者签订相关合同。

2.2.2.1 分时电价

为了避免负荷的高峰和低谷差异过大，通常会通过采取分时电价的政策手段引导用户在高峰期减少用电，把用电行为调整到低谷期。否则电网系统会因为过高的负荷水平付出不必要的建设成本，而发电厂会因为过低的负荷水平而长时间关停机，产生过多的损失。

"峰谷电价"是最常见的形式，一般定义平段为 11：00～19：00、低谷时段是 23：00～7：00，其他时段为峰段。无论是国外还是国内，峰谷电价都执行了较长时间，是比较成熟的需求侧响应形式。发电厂、电网企业和用电客户都能降低各自的成本，从中获益。而联动调整的峰谷电价能够灵敏地反映资源成本，是能源行业必不可少的管理措施。分时电价政策还有"季节电价"，而水力发电还有特指的"丰枯电价"，但这两种政策形式应用的范围较小。

2.2.2.2 实时电价

与分时电价相比，实时电价是更为理想的市场形式。用频繁变化的价格对负荷产生影响，而负荷的变化情况也随时影响着下一个时段的电价。这种互相影响、不断反馈的市场机制，使负荷变化更为平稳，但价格变化十分频繁，给用户购买和电厂决策带来难度，需要相对更复杂的技术支持和更多的人工成本。目前只有很发达的电力市场环境才能应用这种形式。

2.2.2.3 尖峰电价

尖峰电价是在峰谷电价的基础上，进一步压制负荷增长的办法。在峰段中把负荷最高的那段时间的电价再提高一定比例，以削平最高值。这比普通的峰谷电价的杠杆作用更为明显，对于负荷波动较大且具有一定时段规律的电力系统非常适用。

2.2.2.4 阶梯电价

阶梯电价也是一种需求侧响应的政策形式。在居民电价中应用阶梯电价是保证一部分基础的民生用电成本保持在较低水平，在工业电价中应用主要是为了抑制一些高耗能用户过多使用电能造成社会资源损耗过快，一般要与峰谷电价交叉执行，或者作为交易采购合同中的必须条款执行。

2.2.3 两者间的相互联系

激励型需求侧响应和价格型需求侧响应两者之间存在一定的关系，并在一定程度上进行互补。例如在实施基于价格的需求响应项目时，用户根据电力价格进行用电量的调整，从而有效地降低用户电费支出，同时缓解高峰时段供电压力。当高峰时段的用电压力有效缓解后可以通过激励需求响应进行进一步补充，以达到更好的用电响应要求。因此，两种需求侧响应项目具有很好的互补性，实行机构在进行需求响应计划制订时要充分考虑。因为不同类型的响应项目具有不同的特点，适应不同的电力系统环境和运行阶段，所以在电力系统运行和规划上，应该根据不同时段的不同问题合理规划响应项目。图2-5详细描述了能量效率、响应项目与电力系统在不同时段运行规划的关系，据此可以灵活安排需求响应项目在不同时段的运行，进行市场调度以及年度系统规划，以此协调市场定价和系统调度问题。

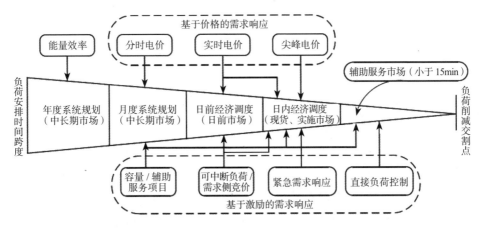

图 2-5　需求侧响应在电力系统运行规划中的作用

2.3　计及需求侧响应资源的供需均衡分析

2.3.1　电力市场环境下需求侧响应的经济学原理

基于经济学原理，电力市场的价格波动与一般商品市场具有类似的特点，即供不应求价格上涨，供大于求价格下降，价格和需求的关系曲线如图 2-6 所示。

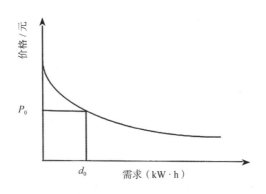

图 2-6　电力需求与价格关系曲线

通常采用价格弹性指数反映需求侧响应的需求变化量与价格变化量之间的关

系，可以用下面公式表示，即需求价格弹性为需求与价格响应曲线的斜率，可用以下公式表示：

$$ed = \frac{\Delta D \div D_0}{\Delta P \div P_0} \qquad (2\text{-}1)$$

式中：$\Delta D, \Delta P$ 分别是需求和价格的变化量；D_0, P_0 分别是某一均衡点所对应的原始需求量和价格；ed 表明了价格的相对变化所引起的商品需求的相对变化量。

在电力市场的实际运行中，用户侧的电量需求随时间的推移和价格的波动而变化，而不同时段间的价格具有一定的相关性。在不同时段的电价波动下，电力用户对电力的需求变化主要有两种方式：其一是照明负荷不能发生转移，因为该类负荷只在一段时间内具有灵敏度，这类需求被称为自弹性需求，弹性系数为负值；其二是多周期敏感性负荷，此类负荷在不同时段内发生转移，可以避开负荷高峰期进行低谷期用电，可以起到削峰填谷的负荷调节作用，这类需求被称为交叉弹性需求，弹性系数为正。所以某个时间点的价格对应的负荷也会对其他时间的价格对应的负荷产生影响，被称为交叉影响，可以通过交叉弹性系数进行描述。

公式（2.2）和式（2.3）分别对自弹性系数和交叉弹性系数进行了描述。从公式可以看出，自弹性系数表示某一时刻负荷对价格的影响；交叉弹性系数表示某一时刻负荷与价格之间的关系。

$$ed_{ii} = \frac{\Delta D(t_i) \div D_0}{\Delta P(t_i) \div P_0} \qquad (2.2)$$

$$ed_{ij} = \frac{\Delta D(t_j) \div D_0}{\Delta P(t_i) \div P_0} \qquad (2.3)$$

式中：$\Delta D(t_i), \Delta P(t_i)$ 分别表示负荷和价格在时间间隔的变化量。一般来说，自弹性系数是一个负值，而交叉弹性系数是一个非负值。

如果用一个 24 维的矩阵表示弹性系数，可以根据每小时负荷的变化量确定矩阵元素，同时对弹性系数加以排序。那么，在矩阵中，就可以用主对角线上的元素和副对角线上的元素分别表示自弹性系数和交叉弹性系数。利用矩阵中的列元素表示某时刻的价格波动对其他时刻的负荷影响。而非对角线上的非零元素用以表示出现高峰电价时电力用户作出的反应，不同的是，上对角元素表示电力用户为了满足电量需求而作出了提前使用电量、支付电费的反应；下对角元素则与之相反，即电力用户为了减少高峰时段的电费支出进行了延迟使用电量，延时支付电费。因此，当弹性矩阵的非对角元素中具有较多的非零值时，说明电力用户在大多时段具有负荷转移能力，可以重新安排用电计划。这就意味着电力用户改变了用电方式，对负荷使用时段进行了转移。在满足用电需求的前提下，一个时段使用负荷的增加或减少，必然会造成另一时段负荷使用的变化，归根结底是由价格波动引起的，公式（2.4）表示了各个时段的负荷变化量。

$$\Delta D_i = \sum_{j=1}^{24} ed_{ij} \cdot \left(\frac{\Delta P_j}{P_0} \right) \cdot D_0 \qquad (2.4)$$

式中：ΔD_i是时间i的负荷变化量；ed_{ij}代表弹性系数，当$i = j$时，该值表示自弹性系数，当$i \ne j$时，该值表示交叉弹性系数；ΔP_j是用户在时点j的期望价格的误差值。因此，24 小时的负荷变化量可以通过公式（2.5）求得。

$$\Delta D = ED \cdot \frac{\Delta P}{P_0} \cdot D_0 \qquad (2.5)$$

式中：ΔD表示 24 小时负荷变化量向量；ED表示弹性矩阵；ΔP表示价格误差向量。

2.3.2　需求侧响应资源影响下的电力市场供求分析

传统电力市场的供需问题，主要是在需求预测的前提下安排发电计划，而计及需求侧响应的电力市场的供求分析要从用户侧和供应侧两方面考虑，这两方面受到不同因素的影响。由于不同的电价机制会对电力需求造成不同的影响，电力需求就与用电方式和政府政策密切相关。而供应侧主要受到当前发、输、配电等经济特性的影响，与用户侧的影响因素无关。

（1）实时电力供应分析

分析电力供应情况首先应当从系统平均成本、系统边际成本和系统边际运营成本曲线入手。

系统平均成本是供应侧依照不同的电量需求确定的系统平均总成本，这时将整个发电机组视为一个整体；系统边际运营成本及边际成本是供应侧依据容量需求的不同，每满足 1kW 电量需求时发电机组的固定和运营成本。

在电力市场的运行中，电力系统运营商通常是在参照系统平均成本和运营成本的基础上确定零售价格。但为了实现供应商的盈利，在实际的电力批发市场中将采用差异定价法。由于现阶段的电力市场并没有完全将用户侧纳入市场竞争中，因此，需求方的用电特性根据价格的变化而变化，具有较大的波动性。

由于电力管理机制的存在，在发电方市场中信息完全透明，实时电力市场的用电需求变化较大，因此，电力供需曲线通常分为两部分进行处理。当电力供应相对充裕时，发电报价将服从平均运行成本；当供电相对紧张时，发电侧需要考虑固定成本和平均成本两个方面。电力市场中的实时供应曲线由所有的供电曲线集合组成，在这种情况下，系统的平均运行成本曲线可能会上升到与边际成本相同的水平。

在电力市场具有管理机制的条件下，由于供电方信息透明度高，实时电力市场的电力需求一般会发生较大的变化，因此，需要分两种情形处理供需关系，一是当发电方供电紧张时，不仅要考虑系统的固定成本，还要兼顾系统的平均成本；二是当发电方供电较充足时，发电侧报价将受到平均运营成本的制约。在电力市场中，通常用电力供应曲线的集合形式表示电力市场的实时供应情况。这时，电力系统在运营过程中的总平均成本可能与系统边际成本处在同一水平。

在市场调节和市场生产力相同的条件下，当市场供应充足时，由平均成本确定的价格要远远低于依据边际成本确定的价格；若电力市场存在市场力的作用，发电方报价将高于由边际成本确定的价格，将产生更大的价格差值，因此电力市场的均衡状态会受到影响。这时系统运营商将会设定一个价格上限来保证电力市场均衡，而这个价格上限根据发电侧的机组发电成本来确定。若市场中有发电容量约束，当前市场的电力价格将与上限价格相同。但如果当时的电力市场供应紧张，电力价格将会大幅上涨，最终达到由边际成本确定的价格。如果市场中存在发电容量限制，则市场价格将直接等于价格限制。但是，如果电力供应相对较为松散，市场价格将大幅上涨以达到系统的边际成本。因此，在发电方开放的电力市场中，电力价格将在边际运营成本和价格上限之间波动，并最终达到均衡状态，如图 2-7 所示。

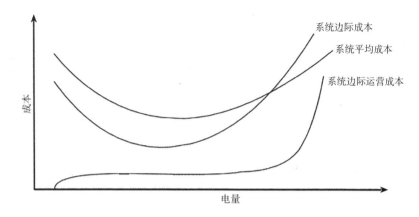

图 2-7　发电市场的系统成本特征曲线

需要说明的是，如图 2-7 所示，根据成本曲线描述了供应系统的成本特性，而每一条成本曲线是将每个发电机组的成本曲线叠加后得到的。

（2）兼容需求侧响应资源的供求分析

对于用户侧来说，在未兼容需求侧资源的电力市场中，需求侧对电价没有响应能力，因此在供求失衡的情形下，电力供应短缺，不能满足用户的用电需求，进一步导致市场失衡。如果可以让用户侧的用户对价格的波动作出响应，供求情况将随之改变，如图 2-8 所示。

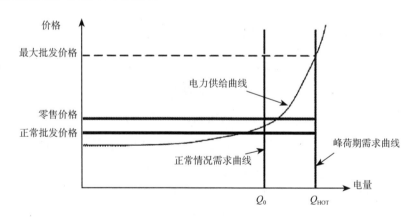

图 2-8　无需求响应时发电市场供求曲线

图 2-8 反映了未考虑需求侧响应的电力市场供求关系以及价格波动情况。Q_0 表示初始用电需求，Q_{HOT} 表示用电高峰时段的用电需求。如果需求侧看到的始终是一个固定价格，那么电力需求曲线将表现为一条垂直线。在这种供求绝缘的市

场中，需求的小幅上升将会导致市场价格的大幅波动。

当部分电力需求对批发价格的高峰时段进行响应时，需求曲线将发生变化，即由图 2-8 中的直线变为图 2-9 的曲线，同时向左侧倾斜。说明在实施需求响应后电力价格上涨幅度低于响应前上涨幅度。

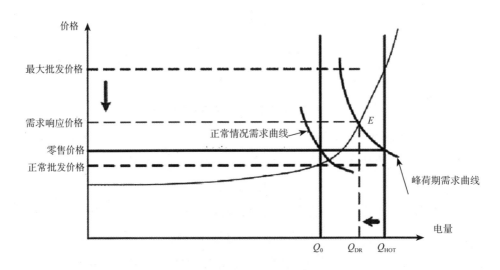

图 2-9 需求响应对批发市场价格的影响

2.3.3 计及需求侧响应的供需均衡点确定

传统电力市场是垂直一体化的运营模式，电力系统在运行过程中的长期规划目标是在满足预测需求的前提下，实现长期供应成本最小化。系统的短期规划目标是在满足系统实际需求的情况下，将短期供电成本最小化。而在需求侧响应的电力市场运行模式下，是在满足预测需求和实际需求的前提下，根据电力出清价格和出清量将短期供电成本达到最小化。而在兼容需求侧响应的电力市场，虽然系统运行规划目标没有发生变化，但为了达到目标而采用的市场机制和手段发生了变化。例如需求方会根据电力价格改变用电量，重点研究的是如何使市场出清价格与实施最小成本调度形成的价格一致。因此在传统模式下，解决供求平衡问题是在满足一个"固定"用电需求的前提下如何优化供电方案，降低供电成本；而需求侧响应的电力市场均衡需要充分考虑价格对需求的影响。

在确定计及需求侧响应的供需均衡点时，可以根据电力负荷预测的结果确定需

求量的初始目标值 Q_0，然后对供应侧招标制订供电成本，据此供电成本拟订发电计划。这种做法的目的是在保证用电需求的前提下通过竞标这种形式使供电成本最小化。以这种竞标方式产生的供电总成本等同于投标者成本，这个由招标形成的总成本就是投标者成本，最终确定的电力市场出清价格则是依据最后一个中标者的供电成本得出，即基于统一成交价格进行支付。这个过程也决定了初始电价 P_0，在满足需求的条件下该电价能够实现最小的调度计划，在后续的电力市场运行中，价格和需求相互影响，相互作用，在价格 P_0 下的市场需求若低于 Q_0，则降低 Q_0，通过对上述供电成本最小化的调度过程的反复迭代，形成新的市场价格。而随着新价格的确定，用户侧的电力需求也会随之变化，所以需求曲线会不断进行调整，调度过程也会反复迭代执行，这样可以确定新的均衡点 Q^*，此时即达到了市场均衡。如果当前电力市场具有先进的通讯设施、精确的计量设备，电力终端用户就可以实时监测到市场的价格波动，从而制订新的投标方案，对电价的变化及时作出响应，通过报价反映电力需求。这样市场运营商就会得到灵敏度更高的价格响应需求曲线。在这里需要说明的是供应侧成本在这里包含了实现需求侧响应的需求侧成本，即将需求侧资源等价供应侧资源来看待，如图 2-10 所示。

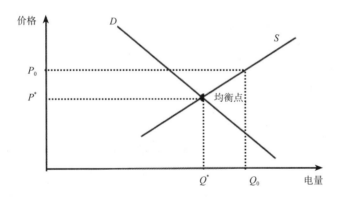

图 2-10　供需均衡点的确定方法

2.4　兼容需求侧响应资源的价格弹性分析

基于价格的需求侧响应已在电力系统中应用，然而需求响应欲达到预期效果，需要对需求响应弹性重点关注。另外，通过对需求弹性的调控可以实现对电力市场可靠性的控制。下面将对其概念和特征进行分析。

2.4.1 电力需求弹性的基本概念

电力需求弹性是指电力需求的自身价格弹性，即电力价格每改变一个单位，电力需求侧发生的变化。对电力用户而言，由于不同用户具有不同的消费能力，因此需求弹性不同，而且，用户通常作为一个家庭单元，需求侧响应也受到家庭收入的影响；同时在电力产业发展的形势下，新能源发电与新技术的使用也将对电力需求弹性产生影响。因此，当我们考虑电力需求弹性时，不仅要考虑单一因素的影响，还要从多个角度综合分析。

2.4.2 需求侧响应资源弹性的基本特征

2.4.2.1 非线性和不对称性

因为电力用户对大幅价格波动和小幅价格波动的响应情形不同，并不满足线性增长的特性，从而导致需求侧响应的非线性。这种特性的原因在于：由于电力价格通常随着国民收入的增加而上升，而在这种情况下，收入弹性会抵消部分响应价格弹性，另外电能替代产品对价格弹性也会产生一定影响。因此，需求变化量往往与价格变化量呈非线性关系。而不对称性则体现在，电力价格下降时的需求增加量与价格上涨时的需求减少量并不相等。

2.4.2.2 短期价格弹性系数均小于长期弹性系数和超短期弹性系数

产生这种特性的原因在于：由于电力用户可以通过调整更换电力设备改变其长期用电行为，而在短期内，电力用户不便于更换电力设备，只能依靠用电习惯的改变使其用电行为发生短期的变化。因此，长期价格弹性高于短期价格弹性。极短期价格弹性是指某个季节期间内，或者是一天内，甚至是一小时内的价格变化量与需求变化量之间的相互作用关系。虽然这种超短期的用户用电行为变化与短期用电行为变化具有相似特点，即用电行为变化均通过改变用电习惯而实现，但是两者存在时间跨度上的差异。由于通常采用需求变化的平均值测算整个时段的需求变化量，负荷转移对需求变化的影响并没有在测算过程中加以体现，因此，时间跨度相对较大的短期价格弹性并不能反映出某一时刻的功耗变化，如对电器的开关切换操作。由此可以推断，短期价格弹性要明显低于极短期价格弹性，特别是在峰荷期的错峰用电，极短期价格弹性将会急剧上升。

2.4.2.3 价格弹性大小受不同因素的影响

在进行价格弹性测算时主要受到四方面因素影响：第一，电费支出比例。这一因素主要依据电力支付占企业生产总支出或家庭总支出的比例来衡量。比例越大，弹性则越大。第二，电价信息。这一因素的影响作用主要依据一段时间内的价格变化量和变化频率进行衡量。价格变化量越大，变化频率越高，获得市场价格信息就越容易，价格弹性就越大。第三，终端负荷控制技术的先进性。在智能电网的建设过程中，许多电力用户都安装了负荷控制设备，可以远程实现负荷调控，这些设备越先进，使用越友好，性价比越高，用户就会很容易地获得市场信息，实现有效的负荷调控，因此价格弹性较大。第四，政策支持。出台的响应政策符合电力市场结构，制订的响应措施可以保证需求侧项目的有效实施，促进电力市场的可靠运营，这种情况下的政策支持可以提高需求价格弹性，提高市场运作效率。

2.5 本章小结

本章首先介绍了电力市场的两种市场交易模式，即单边交易和双边交易，并根据两种交易方式的概念进行了特性对比分析；然后介绍了激励型需求侧响应和价格型需求响应的内涵，并对两者的关系和互补性进行了讨论；最后重点分析了兼容需求侧响应资源的电力市场供需均衡问题，其中包括需求侧响应的经济学原理、需求侧响应资源影响下的电力市场供求分析和均衡点的确定三个方面。

第 3 章　需求侧用电行为分析及筛选模型建立

电量是衡量电力用户用电差异的重要指标，可作为电网运营机构资源优化配置、提高效能、响应调度等方面的参考依据。在当前分时电价环境中，电力用户的日负荷形态较多，可以通过最大负荷率及平段、谷段、峰段的负荷率作为特征量来衡量电力用户的响应程度和方式。为了使用电特征量可以完整地表现出源数据簇的特点属性和规整矩阵状态，真实客观地反映用电行为和习惯，本章首先提出了基于信息熵原则及 Kohonen 网修正的用电数据检测方法；然后以真实有效的用电特征数据为基础采用改进的 K-means 算法对用电行为进行聚类分析；最后依据多目标优化筛选响应潜力较大的优质用户。

3.1　用电特征数据检测原理

电力用户数据受到各种因素的影响，存在一定的用电特征数据，这些数据夹杂在正常的电力用户数据中，对其进行检测时会受到很多干扰影响检测的精度，导致建模结果不准确影响了电网的安全稳定。因此，需要对电力用户数据中的用电特征数据进行检测建模，以完整准确的用电数据为基础进行电力用户聚类分析，这样才能制订切实有效的需求响应计划，提高响应成效。

根据电力用户数据所具备的周期性与类似性，依据用户数据、日期属性实行治理解析，防止由于用户数据的频繁变化而导致的繁杂形式对用电特征数据检测性能的影响。用电特征数据检测建模的基本原理如下：

将用电特征数据包含的 s 个目标任意取样分割成 n 个数量，使用电特征数据任意被取样到分割簇中，解决用电特征数据集中于某个簇中的识别困难问题。将任意分割簇区域依次聚类成 $s/(qn)$ 个聚类块（$q>1$），则任意分割后首次聚类的

数目被表征为 q。为确保分割处理不会对聚类成果造成影响，n 和 q 需达到 $s/(qn)$ $(2*3)k$ 标准（k 为最后聚类数目），利用信息熵原则决策任意聚类中矩阵较规整的 c 个特征点。由于每个用电特征数据点都有其自身属性，为了让电力用户数据可以全面体现各个用电特征数据的属性，因此需要通过聚类进程中任意数据在始末聚类中的信息量变化决策特征点来体现。聚类始末的信息熵可通过公式（3.1）来计算，其聚类的特征点被选取为承载用电特征最大信息量的数据。

$$H = -\sum P_i \log_2(P_i) \qquad (3.1)$$

式中：P 为每个用电特征数据出现的概率。

采用引入信息熵原则中的最小距离法进行集合聚类，利用最小距离法原则对用户特征数据集形成的簇进行归一化处理，得到首次聚类的用户特征数据集合簇。通过信息熵原则决策归一点，则可将两个聚类彼此之间的距离表征为：

$$d_{\min}\left(S_1, S_2\right) = \min_{p \in S_1, p_m' \in S_2} \left\| p - p_m' \right\| \qquad (3.2)$$

式中将两个聚类的集合被分别表征为：S_1 和 S_2，而集合 S_1、S_2 的核心点和特征点依次被表征为 p 和 p_m'，p 和 p_m' 之间的距离则为 $\left\| p - p_m' \right\|$（$m = 1, 2, \cdots, c$），为减少计算复杂度，运用欧式距离的平方来计算。

若想在 S 中搜索与 p 周边最近的用户特征数据点 p_m'，通过计算 p_m' 点所表现的聚类信息簇不唯一，则选取其中最小的信息熵作为 S 的归一点，此时的归一点所携带的信息量最多，通过此过程形成新的用户特征数据聚类集合簇。将特征点 p 和 p_m' 计算得出的信息增益 I_{gain} 记为：

$$I_{gain}\left(S_{p_m'}\right) = I\left(S_p + S_{p_m'}\right) - I\left(S_p\right) \qquad (3.3)$$

将 I_{gain} 数值最大的目标点所表征的聚类种别决策为归一后的聚类种别，并用归一点表明其种别类型，完成检测。通过对任意分割中首次聚类的特征点进行迭代聚类，把每个子分区的原始聚类实行再聚类，经过计算获取新的聚类核心，把聚类中的数据依次标明所属聚类号，以达到所调控的聚类数目为终止。

但是，运用上述方法对变化形式较为复杂的离散数据进行检测时，会发生诸多不确定状况：由于要将电力用户用电的多个特征点聚类成一个簇，通过调控收

缩因子 α 将其进行聚类，但聚类序列结果易受到参数的调控，因此需要进行多次试验，计算进程较为烦琐；在检测进程中，通常选用的聚类方式为将未聚类的特征点与其距离最近的聚类进行集合，但当未聚类的特征点周边有多个距离相同的聚类时，呈现的特征点集合属性并不统一，造成聚类紊乱；进行用户特征数据的处理时，对用户特征数据的判断以其聚类的异常增长速率来衡量。出现以上状况时，检测方法不对其进行分析，直接将其清除，引起训练进程中出现的偏差状况，导致电力用户数据重点数据丢失，用户特征数据检测不精准。

通过引入信息熵来改善上述检测方法存在的缺陷问题，并将提取的用电特征数据通过 Kohonen 网进行修正。

3.2 改进用电特征数据检测算法

3.2.1 信息熵的引入

信息熵可以衡量一个检测过程的紊乱程度，也是随机变量不确定性的量度。将用电特征数据随机变量表征为 $X = \{x_1, x_2, \cdots, x_N\}$，分散随机变量用电特征数据所出现的概率被表征为 $P(x_i)$，则每个分散随机变量 x_i 所包含的数据量被表征为：

$$I(x_1) = \log \frac{1}{P(x_i)} = -\log P(x_1) \qquad (3.4)$$

若 X 存在 N 种不同的动态变化，则任意动态变化所出现的概率将被表征为 $P(X) = \{p(x_1), p(x_2), \cdots, p(x_N)\}$，则 X 所携带的不确定性可通过信息熵 $H(X)$ 来表示，如公式（3.5）。将获取的数据量通过熵的减少程度来进行表征，熵就可作为信息的衡量标准。

$$H(X) = -\sum_{i=1}^{N} p(x_i) \log p(x_i) \qquad (3.5)$$

3.2.2 用电特征数据修正

电力用户数据曲线具备周期性和平滑性，且异常数据含量较少，在现实的使用里，实行校正时平常使用斜率改正法（CURE），这个办法是当知道检测进程的斜率值，产生巨大偏差时，就实行修正，反之不用修正。但是在治理连片的用电特性数据时这样的方法有时并不敏感，且需要增加很多约束条件，才能判别是否实行数据修正，过程复杂。因此，可以依据电网差错数据具备的特性，使用获取有关用电特性曲线的办法实行数据改正。

Kohonen 网络是一个竞争式学习网络，它的网络输送形式被区分成不一样的范围，神经元通过交互作用在各范围里互相竞争，形成对输入形式的特别检测器。Kohonen 网经过网络训练后，每一输出数据所衔接的权矢量都是这个数据所表示的特点矢量，使用 Kohonen 网能够有效地获取输入差错数据的根本形式特点。因为电力用户数据里用电特点数据所占比例小，且当分类数量远小于输入矢量数目时，其影响也会大大减小。从分布测试中能够得出，特征曲线并没有携带用电特性数据的显著特性，如图 3-1 所示。

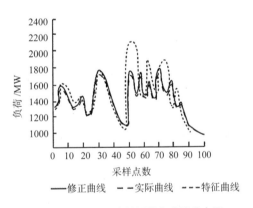

图 3-1　电力用户数据的各曲线分布图

假设某曲线X_d的P_1点至P_2点是用电特性数据，其特性曲线是X_t，修正后的曲线是X_r，使用公式（3.6）对用电特性数据进行整理：

$$X_r(i) = \frac{X_t(i)}{2}\left[\frac{X_d(p_1-1)}{X_t(p_1-1)} + \frac{X_d(p_2-1)}{X_t(p_2-1)}\right] \qquad (3.6)$$

公式中$i = p_1, p_1+1, \cdots, p_2$，调整后的数据曲线不仅维持了数据的原本特性，还更符合同类数据的根本特性。

3.3　基于改进 K-means 聚类算法的用户用电行为分析

3.3.1　传统 K-means 聚类算法

K-means 是应用范围较广的聚类算法，主要通过比较分析样本数据的平均值对样本数据进行聚类。聚集在同一类的数据点具有较高相似度，反之亦然。在算法的执行过程中，首先设定类别 K 的初值以及初始聚类中心点，然后根据样本数据与中心点的距离判断用户类别，通常情况下，采用欧式距离表征对象间的相似程度，如公式（3.7）所示。但也可以根据实际问题的数据特征，以其他方式表征距离，比如求距离的余弦、欧式距离的变形等方式。

$$d(x_p - x_q) = \sqrt{(x_p - x_q)^2} \tag{3.7}$$

K-means 的优点在于算法简单，易于实现，具有较快的收敛速度；尤其在处理大数据集时优势较大，效率较高，伸缩性较好。但传统 K-means 算法存在以下不足之处：

（1）类别初值 K 需要事先设定，由于属于预先估计值，因此会出现事先无法知道合理的 K 值的情况，即划分多少个类别才合适。

（2）聚类中心的表征形式及位置对聚类结果影响很大，不同的聚类中心会得到不同的聚类结果，因此聚类中心对聚类的成败至关重要。

（3）若样本数据处在不同尺寸、不同密度的簇，或是非球形簇，聚类算法则无法处理。

3.3.2　改进 K-means 聚类算法

3.3.2.1 选择初始聚类中心

以数据分布密度为依据选取初始聚类中心。不难理解，在特定区域内，数据点之间的距离越小，密度就越大。根据聚类中心的特点，初始聚类中心如果处在密度较大的区域，不但可以提高算法的收敛速度，也可以在一定程度上保证全局最优解，方法如公式（3.8）所示：

$$
\begin{cases}
MD = \dfrac{1}{n(n-1)} \sum d(x_p - x_q) \\[2mm]
DS(x_p) = \displaystyle\sum_{q=1}^{n} H\left[MD - d(x_p - x_q) \right] \\[2mm]
H(x) = \begin{cases} 0, & x \leqslant 0 \\ 1, & x > 0 \end{cases}
\end{cases}
\qquad (3.8)
$$

式中：$d(x_p - x_q)$ 为数据集中任意两个对象的欧氏距离；MD 为数据集中所有对象的平均距离；$DS(x_p)$ 为对象 x_p 的密度，密度集合为 $D = \{DS(x_1), DS(x_2), \cdots, DS(x_n)\}$。依次选择最大密度点和次大密度点作为第一个和第二个类别的聚类中心，以此类推，直到满足类别 K 值。

3.3.2.2 聚类个数 K 的选取

以聚类之间距离为依据确定 K 值。在一个聚类内部，数据点之间的距离越小，密度越大，说明对象间具有较明显的相似性，因此可以得到满意的聚类结果，客观全面地反映对象特征。K 的选取过程是，首先根据（1）中的方法选取各个类别的聚类中心，将第 p 个类别内数据点间的平均距离作为聚类密度，记为 $MD(p)$，p、q 聚类间距离为 $d_{p,q}$，然后将聚类个数 K 重新设定，循环执行上述过程，直到求得 ρ 的最小值，则将此时的 K 值作为聚类个数：

$$
\rho = \frac{1}{k} \sum_{p=1,q=1}^{k} \max\left\{ \frac{MD(p) + MD(q)}{d_{p,q}} \right\} \qquad p \neq q \qquad (3.9)
$$

3.4 用户用电行为聚类模型

3.4.1 用户用电特征量

为了使聚类结果能够真实准确地反映对象特征，模型利用电力用户的用电特征量构成的用电综合信息作为样本数据。在算法执行前，结合国内现行分时电价政策，在考虑电价对电力用户用电行为影响的前提下，对历史数据进行检测修正，剔除脏数据，将修正后的数据作为算法分析对象。算法中将特征量进行归一化处理和权重设置。用数据点间的欧式距离表征不同电力用户对不同时段电价变动的响应程度，具体过程如图 3-2 所示。

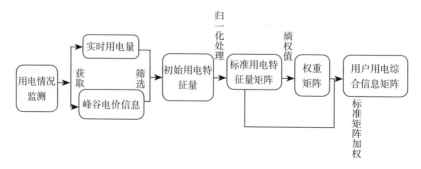

图 3-2　用户用电特征量的处理过程

（1）用户用电初始特征量

电力用户特征量（此时的用电数据已经过用电数据的检测和修正）的选取如表 3-1 所示：

表 3-1　用电特征量

特征量	描述
负荷率	用户每天平均负荷与当天最大负荷比值
平段系数	用户每天平价时段用电量与当天总用电量比值
谷段系数	用户每天谷时段用电量与当天总用电量比值
峰段系数	用户每天峰时段用电量与当天总用电量比值

（2）标准用电特征量矩阵

利用 X_j 表示每个用电特征量，令 $X_j = \begin{bmatrix} x_{ij} \end{bmatrix}^{\mathrm{T}}$ $(i = 1, 2, \cdots, M)$，其中 M 为电力用户数目。

对矩阵中每一列元素进行归一化处理，令 $x_{ij}' = \dfrac{x_{ij} - \min(x_{ij})}{\max(x_{ij}) - \min(x_{ij})}$ $(i = 1, 2, \cdots, M)$

公式（3.10）为 $M \times N$ 阶用电特征量矩阵，M 为电力用户数目，N 为待评估用电特征量。

$$X = \begin{bmatrix} x_{11}' x_{12}' \cdots x_{1N}' \\ x_{21}' x_{22}' \cdots x_{2N}' \\ \cdots x_{ij}' \cdots \\ x_{M1}' x_{M2}' \cdots x_{MN}' \end{bmatrix} \quad （3.10）$$

式中：x_{ij}' 为第 i 个用户的第 j 个待评估用电特征量。

（3）特征量权值

利用熵权计算用电特征量的权重。用 $v_{ij} = x_{ij}' \div \sum\limits_{i=1}^{M} x_{ij}'$（表示第 i 个用户的第 j 个特征量权重，$\varepsilon_j = -\dfrac{1}{\ln M} \sum\limits_{i=1}^{M} v_{ij} \ln v_{ij}$ 表示第 j 个特征量的熵值，从而得到第 j 个特征量的熵权 $\omega_j = (1 - \varepsilon_j) \div \sum\limits_{j=1}^{N} (1 - \varepsilon_j)$，因此得到的权重矩阵为

$$w = \left\{ \omega_1, \omega_2, \cdots, \omega_N \right\} \quad （3.11）$$

（4）用户综合用电信息

根据上述得到的各个特征量的权重，对公式（3.10）待评估的标准用电特征量矩阵进行加权处理，得出用户综合用电信息加权矩阵，如公式（3.12）所示：

$$X_\omega = X \cdot w^T = \begin{bmatrix} x_{11}' x_{12}' \cdots x_{1N}' \\ x_{21}' x_{22}' \cdots x_{2N}' \\ \cdots x_{ij}' \cdots \\ x_{M1}' x_{M2}' \cdots x_{MN}' \end{bmatrix} [\omega_1, \omega_2, \cdots, \omega_N]^T \quad （3.12）$$

$$= [x_{\omega 1}, x_{\omega 2}, \cdots, x_{\omega M}]^T$$

3.4.2 改进 K-means 聚类算法下的用户用电行为聚类

（1）根据改进的 K-means 聚类算法的公式（3.8）和式（3.9），针对公式

（3.12）得到的综合用电信息，确定优化的初始聚类中心和聚类个数。

（2）依次求出公式（3.12）中的各个元素与聚类中心 o_d 的欧式距离，并记录其类别编号：$o_d(i) \leftarrow \arg\min_i (x_{\omega i} - o_d)^2$，其中 $i = 1, 2, \cdots, M$，$d = 1, 2, \cdots, k$，$o_d(i)$ 代表距离聚类中心最近的点，即聚类 $o_d(i)$。

（3）重新计算 k 个聚类中心：$o_d = \dfrac{1}{N_d} \sum\limits_{x_{\omega i} \in o_d} x_{\omega i}, d = 1, 2, \cdots, k$，每一聚类 $o_d(i)$ 中用 N_d 表示用户数目。

（4）反复执行（2）和（3），执行到函数收敛结束，此时 $\xi = \sum\limits_{d=1}^{k} \sum\limits_{o_d} (X_\omega - M_d)^2$，$\xi$ 表示所有数据对象的误差平方和，X_ω 表示电力用户的用电综合信息，M_d 表示聚类 o_d 的平均值。

（5）实现函数收敛后，就可以得出各个聚类 o_d。由于用电综合信息只能作为聚类分析的数据对象，说明各个类别的电力用户的用电特征，但不能全面反映出每类用户的用电行为，是否具备需求响应潜力，因此需要整合聚类中的电力用户，绘制平均负荷曲线，分析每类用户的用电行为。具体方法将在后文结合算例进行阐述。

（6）由于聚类的最终目的是筛选需求项目的参与用户，所以可以将体量小、价格敏感度低的用户类别剔除，以降低数据处理量，提高需求侧项目筛选模型的处理效率。

3.5 需求侧响应项目用户筛选模型

通过上文聚类算法得到电力用户的分类，在此基础上通过建立筛选模型进行需求响应项目的用户筛选，筛选模型主要包含以下两部分内容：

（1）价格敏感度

影响用户用电行为的因素较多，其中电价因素是主要因素之一。价格敏感度是反映电力用户对价格变动信号响应程度的重要指标，该值越大，说明电力用户对价格响应程度越高，更适合参与价格型需求侧响应项目。如图 3-3 所示，是某一电力用户的负荷曲线及当天执行的分时电价，现据此定义电力用户的价格敏感度。

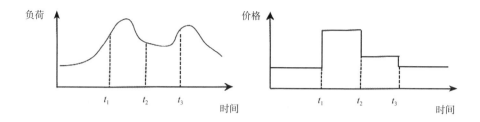

图 3-3　用户负荷曲线及对应峰谷电价

由上图可见负荷值在价格转换点（时刻t_1, t_2, t_3）前后变化明显，因此可以利用价格转换点前后时段内的电价变化和平均负荷变化间的相互关系来表征价格敏感度。另t_c为转换点，则转换点前后的均荷计算如公式（3.13）所示：

$$\begin{cases} \overline{P}_{t_j - t_c} = f(P_{t_j - t_c}) = \int_{t_j - t_c}^{t_j} P_t \, \mathrm{d}t \Big/ t_c \\ \overline{P}_{t_j + t_c} = f(P_{t_j + t_c}) = \int_{t_j}^{t_j + t_s} P_t \, \mathrm{d}t \Big/ t_c \end{cases} \tag{3.13}$$

式中：$\overline{P}_{t_j - t_c}, \overline{P}_{t_j + t_c}$分别是转换点前一时段和转换点后一时段的均荷值；$P_t$为该时段的负荷量，$f(P_t)$表示价格—负荷的关系函数。因为在$t_j - t_c$处与$t_j + t_c$处电力价格产生变化，根据公式（3.13）所示，用户i在t_j时刻的价格敏感度可以用该用户的均荷变化率和电价变化率的比值来表示，记为ed_{ij}，如公式（3.14）所示。

$$ed_{ij} = \left| \frac{\Delta \overline{P}}{\overline{P}} \div \frac{\Delta P}{P} \right| = \left| \frac{\int_{t_j}^{t_j + t_c} \overline{P}_t \, \mathrm{d}t - \int_{t_j - t_c}^{t_j} \overline{P}_t \, \mathrm{d}t}{\int_{t_j - t_c}^{t_j} \overline{P}_t \, \mathrm{d}t} \right| \div \frac{\left| P_{t_j + t_c} - P_{t_j - t_c} \right|}{P_{t_j - t_c}} \tag{3.14}$$

由公式（3.14）可知，ed_{ij}与价格转换点的时刻有关，在不同的价格转换点，ed_{ij}不同。因此，可以将转换点前负荷与转换点后负荷两者间的比值作为综合评估电力用户对价格响应程度的权重，则ed_i的加权敏感度计算方法如公式（3.15）所示：

$$ed_i = \sum_{j=1}^{n} \frac{P_j}{\sum_{j=1}^{n} P_j} ed \qquad (3.15)$$

式中：n 为转换点总数；ed_i 为用户 i 考虑 n 个转换点的敏感度；P_j 为 t_j 时刻负荷量。

（2）基于多目标优化的用户筛选

将敏感度较高的用户类别组成备用筛选集 Π，根据公式（3.14）得到用户集 Π 对应的价格敏感度集 ed_{ij}。同时对参与需求响应项目的用户制定对应的需求响应报价 B_Π。由于响应项目目的不同，优化目标也不同，因此，为了满足不同响应项目的设计目的，设定了以下优化目标：

①只考虑需求响应总报价。

②只考虑最高综合价格敏感度。

③综合考虑需求响应总报价和价格敏感度。

其中①②为单目标优化，将在算例分析中进行对比计算。③为多目标优化。将③转化为单目标优化可以通过设定权值来实现，从而构建电力用户筛选模型，筛选模型如公式（3.16）所示：

$$\min \omega_{ed} \frac{1/ed}{1/ed_{\max}} + \omega_B \frac{B}{B_{\max}}$$

$$s.t. \quad ed = \sum_{i=1}^{M} \frac{k_i P_i}{\sum_{i=1}^{M} k_i P_i} k_i ed_i$$

$$B = \sum_{i=1}^{M} k_i B_i \qquad (3.16)$$

$$P_{t\min} \leqslant \sum_{i=1}^{M} k_i P_i \leqslant P_{t\max}$$

$$k_i = 0,1$$

式中：$ed_{\max}$ 为最大综合敏感度；ed 为电力用户的综合敏感度；B 为响应总报价；$B_{\max}$ 为最大总报价；ω_{ed}, ω_B 分别为综合价格敏感度权值和总报价权值。$ed_i \in ed_\Pi$ 为用户 i 考虑所有转换点情况下的加权敏感度，$B_i \in B_\Pi$ 为用户的负荷调节量，$P_{t\min}$ 和 $P_{t\max}$ 分别为最小总体目标负荷量和最大总体目标负荷量；k_i 为筛选情况，$k_i = 0$ 表示电力未被选中参与项目，反之 $k_i = 1$。

与①②相比，利用公式（3.16）完成需求响应项目的用户筛选更准确，因为该筛选模型将价格敏感度作为主要优化目标，因此筛选得到的用户群体对价格信号反应灵敏，在实施项目的过程中成本相对较低，操作效益较高。

3.6　算例分析

3.6.1　用户用电数据检测

（1）数据来源

本算例主要针对多个电力用户，根据用电信息采集的结果，首先对用电特征数据进行检测，然后在峰谷电价下以完整准确的用电数据为基础，应用聚类模型进行用电行为聚类分析，应用筛选模型选择价格型需求响应项目用户。

本算例的数据来源于 2016 年 9 月至 10 月辽宁省总计 200 个电力用户的日负荷数据。依据目前辽宁省对工业和商业现行的峰谷电价机制，其中，高峰时段为 7：30～11：30、17：00～21：00，低谷时段为 21：00～7：00。高峰电价和低谷电价分别在平价基础上上浮和下降 50%。

（2）测试数据集的产生

依据用户数据、日期属性实行治理解析，并把其准则化，处理因负荷的起伏转变导致的数据的不确定性及负荷曲线的趋势特性不明显问题。数据集中既有正常数据也有差错数据。数据集的几何分布如图 3-4 所示。为确保负荷曲线呈平滑状态，将按照日期负荷数据 96 点随机取样。

●电力用户数据 ★用电特征数据

图 3-4　聚类点阵图

（3）基本参数的选择

聚类时容易受到首次分割 n、首次聚类 q 与特征点 c 等因素的影响，为防止聚类的非正确归一，应确保任意分割中所拥有的数据点保持充足。数据集的形态特征将通过 c 的大小来表征。

实验进程中，当 $n=10, q=5, c=50$ 时，呈现的聚类效果较为明显。在差错数据修正算法中，若测试日是工作日，把其前两星期类似日的负荷曲线当作 Kohonen 网的输入矢量；假如测试日是节假日，选取其同一日期类别的负荷数据当作输入矢量。经过网络训练获取负荷的特性曲线用来修正数据。

经过随机选择的周期性用电特征数据如表 3-2 所示。把漏检的数目描述成用电特征数据误差为正的数据，误检则与其相反，漏检及误检数据的数目所占用电特征数据的比例被表征为错误率。

表 3-2　用电特征数据

Data	Ta/个	Ed/个	Ec/个	Ar/个	Er/（%）
09-07 至 09-11	800	32	0	0	0
09-14 至 09-18	800	51	2	2	7.843
09-21 至 09-25	800	68	3	3	8.823
10-05 至 10-09	800	18	0	0	0
10-14 至 10-18	800	42	0	0	0
10-24 至 10-28	800	68	1	1	2.941

注：Data 代表日期，Ta 代表总数据量，Ed 代表用电特征数据量，Ec 代表误检量，Ar 代表漏检量，Er 代表错误率。

图 3-5 为算法在 09-14 至 09-18 的修正首末的负荷曲线均方差变化。可以得出本书提出的算法明显地检测及修正了电力负荷曲线中的用电特征数据，经处理后的曲线仍然拥有其他曲线所拥有的特征属性。

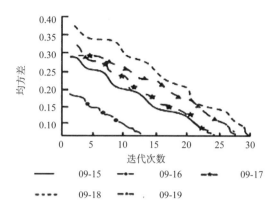

图 3-5　负荷曲线均方差变化

将使用斜率修正法与特征曲线修正法进行用电特征数据修正得出的结果作误差对比，结果如表 3-3 所示。结果表明，在 09-14 至 09-18 及 10-05 至 10-09，本书方法的负荷曲线误差明显小于斜率修正法，且校正后的误差降低幅度较大，如图 3-5 所示。准确地控制了电力负荷数据精准度。

表 3-3 列出了两种修正方法的负荷曲线误差对比。

表 3-3　负荷曲线误差对比

Da	ALG	MSE		Sd	
		Bc1	Re1	Bc2	Re2
09-14 至 09-18	斜率修正法	0.361	0.084	0.253	0.082
		0.223	0.096	0.253	0.079
10-05 至 10-09	本书方法	0.265	0.037	0.235	0.041
		0.232	0.032	0.211	0.042

注：ALG 代表算法，Da 代表日期，MSE 代表均方差，Bc1 代表修正前均方差，Re1 代表修正后均方差，Sd 代表标准差，Bc2 代表修正前标准差，Re2 代表修正后标准差。

图 3-6 为两种算法在用电特征数据检测中时间随数据量的变化所呈现的对比关系。

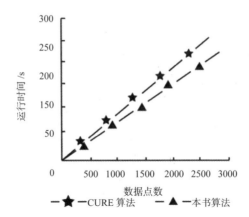

图 3-6　本书算法与 CURE 在用电特征数据检测运行时间对比

通过图 3-6 表明本书算法在随着数据点数增加时，计算时间低于传统 CURE 算法。其原因为选用的样本数据集所属的范围为同一模式数据，进而减少了聚类的搜寻领域，所以减少了数据量增长过程中所引起的不必要计算步骤。经过信息熵原则获取的数据参数性能较好，可以令检测数据完整地表现出源数据簇的特点属性和规整矩阵状态。处理因传统 CURE 算法针对决策收缩因子 α 及聚类参数的选择不当问题所引起的不确定性。通过以上仿真实验数据表明，本书算法针对用电特征数据检测速率较短，且针对差错数据修正效果较好，提高了用电特征数据检测的准确度及检测效率，优化了聚类分析数据对象。

3.6.2　用户基本日负荷曲线聚类分析

依据前文用电特征数据检测结果，得到了 200 个电力用户的初始用电特征量，由公式（3.10）～式（3.12）对初始用电特征量进行归一化处理和权值设置，形成了 200 个用户的用电综合信息，初始散点分布如图 3-7 所示：

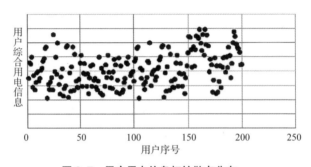

图 3-7　用户用电信息初始散点分布

如上图所示，散点分布没有将用户用电行为进行类别划分，因此需要应用上文提出的改进 K-means 聚类算法，根据用电行为的不同对用户进行聚类。由于用户用电综合信息是一维数据，可视化效果不直观，所以利用多维定标将一维转换为二维，得到如图 3-8 所示的聚类分布。

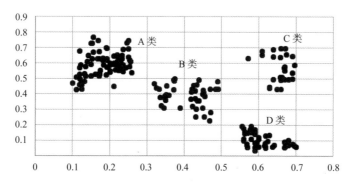

图 3-8　用户聚类分布

图 3-8 中圆点表示用户，横坐标与纵坐标均为多维定标处理后的二维信息。可以明显看出，200 个用户的综合用电信息经过聚类分析后分为 A、B、C、D 四类用户。对每类用户的用电负荷曲线进行均值整合，形成每类用户的用电行为曲线，如图 3-9 所示：

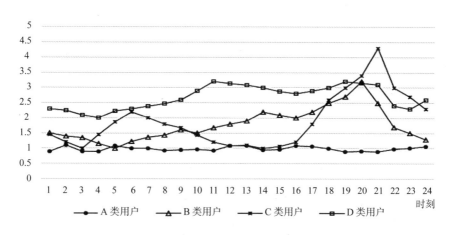

图 3-9　四类用户用电行为曲线

3.6.3 用户用电行为分析

（1）用电行为曲线分析

由图 3-9 中四类用户在一天 24h 的用电负荷曲线可以看出，四类用户在用电习惯行为上有明显差异。探究各类电力用户的日负荷峰谷差，从而为筛选适合参与需求侧响应项目的用户做准备。

A 类用户：该用户全天用电量较低，且波动不大，推测其主要是安保负荷。这类用户一般为规模较小的门市商户，日用电较小、用电时段相对固定，且波动性较小。对电价的变化不敏感，不能够引起较大的用电需求变化。

B 类用户：这类用户在 7 点、11 点和 17 点这些正常用餐时间段，负荷情况均持续上升，尤其是在晚间营业时间达到最大负荷，是比较典型的大中型餐饮商户类型。由于消费电力成本是产品最终成本的重要因素之一，因此，用户不但倾向于在夜间负荷低谷时间段用便宜的电价，而且对分时电价的响应敏感性最高，是适合进入实时电力交易市场的客户群体。

C 类用户：这类用户有明显的早晚用电高峰，都在上下班前后，基本是小型的快餐类商户。在早餐和晚餐以外的时段里用电负荷很小。除了符合消费者的时间需求外，也是有意避开用电负荷高峰期。

D 类用户：此类型的用户用电负荷水平一直保持较高的水平，峰谷差小，用电量大，通常是大型的综合商业体、商场等，是用电负荷中的优质客户。

（2）聚类用户价格敏感度计算

根据公式（3.13）、（3.14）、（3.15）对图 3-9 中 B 类用户进行加权价格敏感度计算，其他三类用户计算方法相同，在此不进行赘述。结合峰谷电价高峰时段为 7：30～11：30、17：00～21：00，低谷时段为 21：00～7：00。

可知整点价格转换点为 7：00、11：00、17：00、21：00，取 $t_c = 0.25h$，则 B 类用户在转换点前后的用电信息如表 3-4 所示：

表 3-4　B 类用户用电信息

时刻	7：25	8：00	8：25	11：25	12：00	12：25
电价	0.3	0.3～0.8	0.8	0.8	0.8～0.55	0.55

负荷	1.38	1.58	1.62	1.72	1.83	1.9
时刻	16：25	17：00	17：25	20：25	21：00	21：25
电价	0.55	0.55～0.8	0.8	0.8	0.8～0.3	0.3
负荷	2.0	2.2	2.45	3.15	2.5	2.35

由公式（3.13）可求，B 类用户在 8 点前后的负荷均值分别为 1.48 和 1.6，则由公式（3.14）可求在 8 点这一时刻用户 B 的价格敏感度为 0.81×10^{-1}，负荷量为 $P_{t=8} = 1.54$，其他转换点的均荷变化量和敏感度同理可求，如表 3-5 所示：

$$ed_t = \frac{\frac{\Delta \overline{P}}{\overline{P}}}{\frac{\Delta P}{P}} = \frac{\frac{1.6 - 1.48}{1.48}}{\frac{0.6 - 0.3}{0.3}} = 0.81 \times 10^{-1}$$

表 3-5　B 类用户价格转换点相关信息

时刻	8：00	12：00	17：00	21：00
价格敏感度 10^{-1}	0.81	0.507	1.071	1.649
负荷变化量	0.24	0.18	0.45	0.8

通过表 3-4 和公式（3.15）可求出 B 类用户考虑所有价格转换点的加权价格敏感度 $ed_B = 1.009 \times 10^{-1}$，用同样方法可求得其他类别用户的价格敏感度。

（3）用电行为总结

综合以上分析结果，结合聚类类别，从各类用户的用电量大小、价格敏感度以及负荷波动几个方面进行总结，结果如表 3-6 所示：

表 3-6　聚类用户用电行为分析

聚类	A 类用户	B 类用户	C 类用户	D 类用户
类别	小商户负荷	大型餐饮负荷	快餐类负荷	大型商业负荷

电量	全天较小	白天持续增大	早晚较大	全天较大
负荷波动性	很小	用餐时间节点	早晚时间节点	平稳
价格敏感度（10^{-1}）	1.009	1.656	1.447	1.108

3.6.4 需求响应项目用户筛选

从表3-6可知，B类用户和C类用户具有较高的价格敏感度，因此可以将这两类用户作为基于价格的需求侧响应项目的参与用户。另外由于B类用户负荷波动性加大，负荷调度空间较大，具有较大的谷峰期负荷转移潜力，因此应增强此类用户参与到需求侧响应项目中的意愿。而C类用户经过用电行为分析后确定为上班用户，谷峰期负荷转移潜力较小，因此更适合于可避免负荷。

假设需求侧响应项目总体目标的负荷量为$P_T \in [100,200]KW$，权值ω_{ed}, ω_B均为0.5，即假设需求侧报价与需求侧对价格的响应灵敏度对进行项目设计时具有同样的影响作用。现根据公式（3.16），以P_T为约束条件，采用多目标（最低报价C、最高敏感度λ）优化对电力用户进行项目筛选，筛选结果及与单目标优化的对比结果如表3-7所示。

表3-7 筛选结果

优化目标	价格敏感度（10^{-1}）	响应报价	负荷调节量	筛选用户数量	
				B类用户	C类用户
λ最高	0.766	398.59	200.98	32	21
C最低	0.583	263.34	120.56	21	15
综合优化	0.629	298.54	165.35	28	13

由表3-7可知，本章提出的多目标优化，在满足规定响应负荷量的前提下，较单目标优化减少了用户参与数量，因此可以减少需求侧响应项目投资。

3.7　本章小结

本章通过对电力用户综合用电信息的分析，构建了反映用户在分时电价响应下的用电特征量，提出了用电特征数据检测方法及负荷形态聚类方法。检测方法主要解决了因传统 CURE 算法决策收缩因子 α 及聚类参数的选择不当所造成的不确定性问题。负荷形态聚类算法主要针对传统 K-means 聚类算法存在的初始聚类中心和聚类个数选取问题，构建改进 K-means 聚类算法。依据需求侧报价、价格敏感度目标筛选潜力用户。仿真结果表明，检测方法引入信息熵原则后获取的数据参数性能较好，而且随着数据点增加，计算时间低于 CURE 算法；使用 Kohonen 网有效地获取输入差错数据的原本特点，令检测数据完整地表现出源数据簇的特点属性和规整矩阵状态，为后续的聚类分析及用户筛选奠定了有效的数据基础。

第4章 计及需求侧响应的电力负荷预测

随着主动配电系统和用户侧需求响应的发展，多元化响应资源的不断加入，电力用户的响应方式更加多样，无论是响应程度还是响应范围均大大增加。另外，电力市场的逐渐开放，促使更多的电网主体参与到市场竞争中，因此电价的变化对响应负荷的影响更为复杂。终端电力用户为了节省电费支出，提高经济效益，逐渐参与到响应项目中来。综合以上分析，计及需求侧资源的负荷模式与传统负荷模式存在很大区别，而且受到众多因素的影响。本章首先提出了预测性能较高的 GNN–W–GA 模型，并在此模型基础上，充分考虑多种影响因素及区域内电力用户的响应潜力，按照各自影响机制和先后顺序对负荷形态的影响作用进行量化，将原始负荷部分和响应负荷部分进行叠加，提出了一种"细分负荷响应资源，叠加传统负荷预测"的负荷预测方法，进一步提高了预测精度。

4.1　传统负荷预测方法

目前常用于短期负荷预测（STLF）的方法分为两大类：统计方法和人工智能的方法。统计方法假设短期负荷具有线性规律，因此难以准确描述短期负荷的复杂、非线性变化特点，预测精度低，不能满足实际应用要求（杨廷志，2014 年）。人工智能方法针对统计预测方法的不足，提高了电力负荷预测精度。神经网络的预测效果取决于输入变量和测试样本，因此对输入变量的选择至关重要（易灵芝，2016 年），其中，BP 神经网络不需要先验知识，能对系统进行非线性、无限地逼近，成为最为广泛的短期负荷预测算法。但是 BP 神经网络的预测性能与初始连接权值、阈值等参数密切相关，因此，建立预测精度高的短期负荷预测模型，首先要选择最合理的 BP 神经网络参数。目前 BP 神经网络参数优化方法包括：遗传算法、粒子群优化算法、模拟退火算法等，这些算法均存在收敛慢和局部最优等不足，难以找到全局最优的神经网络参数。

　　综上所述，单一的预测方法难以精确地对错综复杂的负荷规律进行预测，因而综合预测方法得到了广泛应用。张平（2012 年）提出将神经网络和小波分解相结合进行电力负荷预测，但该方法的训练样本集中包含大量异于待预测负荷日的模式，使神经网络训练速度变慢，训练时间较长，预测精度有待提高。姚李孝（2012 年）提出基于模糊聚类分析和 BP 神经网络的短期负荷预测方法，但由于电力负荷受各种因素的影响，使历史负荷既具有规律又表现出随机性，不具备良好的负荷曲线形状相似性。基于以上分析，本章提出了一种基于小波变换模糊神经网络短期负荷预测模型的方法。

4.2　基于小波变换的模糊神经网络短期负荷预测方法

4.2.1　反向传播训练的 GNN 短期负荷预测

　　GNN 包含了单一的高阶模糊神经元，如图 4-1 所示。A1，A2 分别为求和函数和聚合函数，F1，F2 分别为 sigmoid 和 Gaussian 函数。

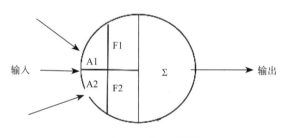

图 4-1　GNN 模型

以误差平方和作为目标函数，则对于每个模式 z_p 有：

$$z_p = \frac{1}{2}\left(\frac{\sum_{k=1}^{K}(t_{k,p}-o_{k,p})^2}{K}\right)^p \tag{4.1}$$

式中：K 是输出单元个数；$t_{k,p}$ 和 $o_{k,p}$ 分别是第 K 个输出单元的目标输出值和实际输出值。

4.2.2 GNN-W 短期负荷预测

小波滤波的目的一是可以突出负荷序列重要的规律性，二是可以把负荷序列划分为不同分量，减轻学习压力。小波分析使用母小波为原型函数 $[g(t)]$。这种函数均值为零，并且极具振荡下降。一个给定信号 $x(t)$ 对 $g(t)$ 的连续小波变换表示为：

$$\mathrm{CWT}(a, b) = \frac{1}{\sqrt{a}} \int_{+\infty}^{-\infty} x(t) g\left(\frac{t-b}{a}\right) \mathrm{d}t \qquad (4.2)$$

式中：a, b 分别为尺度因子和时移参数。

在特定尺度和时移下的 CWT（a, b）系数代表起始信号 $x(t)$ 和缩放 / 转换后的母小波的匹配状况。与特定信号 $x(t)$ 相关的全部小波系数 CWT（a, b）的集合是信号对母小波 $g(t)$ 的小波表示。因为 CWT 是通过母小波的连续缩放和平移得到的，所以会生成实质性冗余信息。因此，可以根据二次方的某个比例和位置，对母小波进行缩放和平移。这种方法更有效，而且与 CWT 同样准确，这种方法称为"离散的小波变换"，定义为：

$$\mathrm{CWT}(m, k) = \frac{1}{\sqrt{a_0^m}} \sum_n x(n) g\left(\frac{k - nb_0 a_0^m}{a_0^m}\right) \qquad (4.3)$$

函数 $f(t)$ 的离散小波变换为：

$$wf(p,s) = <f, \varPhi_s> = \int_{-\infty}^{+\infty} f(t) \varPhi^*(p, s)(t) \mathrm{d}(t) \qquad (4.4)$$

其中，<> 表示内积，$\varPhi^*_{(p,s)}(t)$ 表示 $\varPhi_{(p,s)}(t)$ 复数共轭。

设 h 是待分解历史负荷序列，$\{\varPhi(k, s)\}k, s \in e$ 是平方可积空间中的正交小波基，则有：

$$h(t) = \sum_{k,s} F_{(k,s)} \left[\varPhi_{(k,s)}(t) \right] \qquad (4.5)$$

其中，$F(k, s)=<f, \Phi_s>$ 为相应的各阶小波系数。

小波系数的分解与重构公式如公式（4.6）～式（4.8）所示。

$$A_i^k = \frac{1}{\sqrt{2}} \sum A_i^{k-1} h_{i-2s}^T \tag{4.6}$$

$$D_i^k = \frac{1}{\sqrt{2}} \sum D_i^{k-1} g_{i-2s}^T \tag{4.7}$$

$$A_s^k = \frac{1}{\sqrt{2}} \left(\sum D_i^{k-1} g_{i-2s}^T + \sum A_i^{k-1} h_{i-2s}^T \right) \tag{4.8}$$

式中：A_i^k 和 D_i^k 为相应的小波分解系数；A_s^k 为重构系数；h_i 和 g_i 为相应的小波离散滤波器；h_i^T 和 g_i^T 为小波离散滤波器的共轭转置矩阵。选择合适的小波离散滤波器就可以将负荷序列 f 进行分解和重构，得到对应频率的小波子序列。

4.2.3　GNN-W-GA 短期负荷预测

应用反向传播学习机制训练前馈 GNN 具有学习过程缓慢，尤其是在大型复杂的训练网络中易产生局部最优解；阈值函数必须是非递减的可微函数；训练时间取决于训练参数、初始权重及误差函数的选取等缺点。所以使用遗传算法优化 GNN-W，对子序列采用相匹配的人工神经网络模型进行预测，最后综合得到负荷序列的预测结果。表 4-1 所示为模糊规则调整 P_C，表 4-2 所示为模糊规则调整 P_m。

表 4-1　模糊规则调整 P_C

UN				VF			
BF	L	M	H	UN	L	M	H
L	H	H	H	L	—	—	—
M	H	—	—	M	—	—	—
H	H	M	—	H	L	—	M

表 4-2 模糊规则调整 P_m

UN				VF			
BF	L	M	H	UN	L	M	H
L	L	L	L	L	—	—	—
M	L	M	—	M	—	—	—
H	L	M	—	H	H	L	L

适应度函数选择如下：

$$f(y_j, \varepsilon) = \frac{1}{\sum_{j=1}^{n}(y_j - y_j^*)^{2+\varepsilon}} \qquad (4.9)$$

初始交叉概率 P_{c0} 与初始变异概率 P_{m0} 分别为：

$$P_{c0} = \begin{cases} 0.95 - 0.35(f' - f_{avg})/(f_{max} - f_{avg}) & f \geqslant f_{avg} \\ 0.95 & 其他 \end{cases} \qquad (4.10)$$

$$P_{m0} = \begin{cases} 0.1 - 0.099(f_{max} - f)/(f_{max} - f_{avg}) & f \geqslant f_{avg} \\ 0.0 & 其他 \end{cases} \qquad (4.11)$$

式中：f' 为交叉个体较大的适应度函数值；f 为个体对应的适应度函数值；f_{avg} 为样本的平均适应度；f_{max} 为样本个体的最大适应度。初始概率与变异概率随着进化代数而变化，其规律如下：

$$P_{ct} = \begin{cases} 0.9 \times \sqrt{\left(1 - \dfrac{t}{t_{max}}\right)^2} & P_{ct} < 0.6 \\ 0.6 & 其他 \end{cases} \qquad (4.12)$$

$$P_{ct} = \begin{cases} 0.1 \times e^{-kt/t_{max}} & P_{ct} < 0.001 \\ 0.001 & 其他 \end{cases} \qquad (4.13)$$

式中：t 为世代数；t_{max} 为终止代数；k 为常数。自适应遗传算法步骤如下：

（1）产生初始种群 P_0，代数置 0，个体数目为 M。

（2）依次执行选择算子、交叉算子和变异算子，并计算个体适应度。

（3）对个体按适应度排序，对适应度最高的个体执行 1 次模糊变权重的负荷预测。

（4）得到新一代种群 $P(t+1)$，代数增加 1。

（5）判断是否符合优化准则，若不符合，则返回步骤（2）；若符合，则结束。

4.3　需求侧响应资源对负荷形态的影响

随着主动配电系统和用户侧需求响应的发展，多元化响应资源的不断加入，更多电网主体参与到市场竞争中，具有不同用电行为的电力用户在主动配电网的运营中表现为不同的响应方式。之所以出现差异性响应主要与行业类型、可被调度的响应资源类型和数目、用电行为和电价类型四个因素相关。下面将对这四种影响因素进行分析，探究计及需求侧响应资源的新型负荷预测方法。

4.3.1　用户差异性响应影响因素分析

（1）行业类型

不同的行业具有不同的峰谷特点，各行业根据自身业务的实际情况，对电价的变化会显现出不同的响应方式，主要是根据电价的变化做出合理的时段负荷转移。

（2）可被调度的响应资源类型和数目

需求响应资源主要包括能效类资源和负荷类资源，两种响应资源可以有不同的响应时间、强度以及范围，因此不同类型的电力用户就具有不同的响应方式组合，那么优化响应方式就可以得出不同的响应结果。

（3）用电行为

不同的电力用户具有不同的用电习惯和用电行为，因此表现出不同的响应行为，这就造成了不同的响应结果。

（4）电价类型

电价主要有实时电价和分时电价两种类型。实时电价主要由电力市场当前的供求关系所决定；分时电价主要按照峰、谷、平三个时段来制定电价，用户的用电响应将受到不同时段不同电价的影响。实时电价具有波动性，它受到实时市场环境的影响，进而引起电力用户不同的响应结果。

综上所述，（1）（2）（3）为用户主动需求响应的内在影响因素。若电力市场环境相对稳定，短期内变化很小，这几个因素可通过相关指标辨识电力用户不同的响应行为和响应规律。（4）属于外在影响因素，电价的变化将会影响到响应用户的响应变化，因此是影响用户主动响应的主要因素。下面章节将重点讨论不同需求侧响应资源对电力负荷的影响，根据影响结果的不同进行计及需求侧响应的负荷预测。

4.3.2 负荷形态影响因素分析

（1）气象因素对负荷的影响

气象因素对电力用户使用的负荷总量产生影响，属于直接影响因素，负荷曲线主要表现为整体的上移或下移，如图 4-2 所示。气象因素一般不具有交叉影响效果，即某一时刻的气象条件仅对该时刻的负荷曲线带来影响。可以将气象因素划分为多个不同的气象指标，那么气象因素对负荷的影响就可以理解为多个气象指标在该时刻对负荷的影响。其关系式可表示为：

$$P(t) = f(X(t)) \tag{4.14}$$

式中：$P(t)$ 表示 t 时刻的预测负荷；$X(t)$ 表示 t 时刻的气象指标向量。

气象是影响电力负荷的主要因素，所以传统的负荷预测方法往往根据历史相似日的负荷数据、气象数据进行负荷预测。但是伴随着电力市场的开放，用户侧的主动响应同样对负荷造成影响，因此在进行负荷预测时应全面考虑需求侧资源响应因素，这样才能达到理想准确的负荷预测效果。

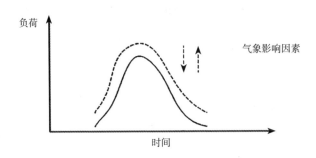

图 4-2 气象因素对负荷曲线的影响

（2）电价变化因素对负荷的影响

电价主要以实时电价或分时电价的形式对用户的主动响应产生影响。实时电价主要由电力市场当前的供求关系所决定；分时电价主要按照峰、谷、平三个时段来制定电价，用户的用电响应将受到不同时段不同电价的影响。两种电价类型对用户主动响应方式的影响有所不同，分时电价主要表现为电力用户对负荷使用时段的转移，在负荷使用总量上无明显变化，主要是达到削峰填谷的目的；而实时电价受到实时市场环境的影响，具有较强的波动性，即使在同一时刻，不同地区的实时电价也可能不同，因此实时电价对负荷曲线的影响较为复杂。

电价因素对负荷曲线的影响如图 4-3 所示。

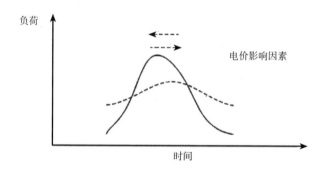

图 4-3 电价因素对负荷曲线的影响

不同时刻的电价变化对负荷变化的影响可表示为：

$$\Delta P(i) = \sum_{j=1}^{n} f_{ij}(\Delta y(j)) \qquad j = 1, 2, \cdots, n \qquad (4.15)$$

式中：$\Delta P(i)$ 表示负荷在第 i 时刻的变化量；$\Delta y(j)$ 表示在第 j 时刻的电价变化量。从公式（4.15）可以看出电价因素对负荷的影响方式不同于气象因素。一方面表现在电价因素具有交叉影响效果，即某时刻的电价变化不仅对该时刻的负荷产生影响，同时还会引起其他时段负荷的变化；另一方面表现在电价因素对负荷的影响是通过电价的相对变化值产生的，这一点也不同于气象因素，因为气象因素主要是通过气象的绝对值形式对负荷产生影响。

（3）负荷类资源对负荷的影响

负荷类资源包含各种行政措施或经济手段，这些措施和手段主要是使需求响应用户通过自愿选择来转移用电时间或减少自身用电量，以达到改变用电负荷的目的。行政措施主要有直接负荷控制和有序用电管理。经济手段主要包括阶梯电价、峰谷电价、可中断电价和季节性电价等电价政策，负荷类资源对负荷曲线的作用主要表现为负荷曲线形状的变化，如图4-4所示。

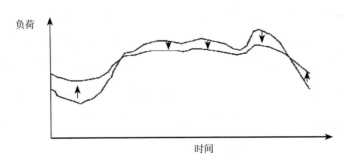

图 4-4　负荷类资源作用效果图

（4）能效类资源对负荷的影响

能效类资源主要是指节能设备。用户通过对节能设备的使用减少某一时间段内的用电量，以达到降低用户对输电容量和发电容量的需求，在图形上主要表现为负荷曲线的整体下移，其效果如图4-5所示。

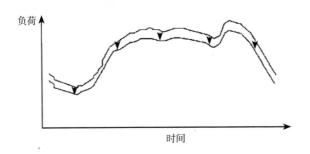

图 4-5　能效类资源作用效果图

不同类型的电力用户的用电设施不同，比如建筑业的用电设施主要有起重机、搅拌机、焊接切割等设备；运输仓储用户的用电设施主要有电动机、空调、照明设备等；商业用户及综合性商业体的用电设施功率较大，种类多，主要有游艺设备、空调、电梯、电热炉、照明、通讯设备等；住宿和餐饮的用电设施主要有电热锅炉、空调、照明设备等；金融用户的用电设施主要有计算机、空调、照明设备等；居民用户的用电设施包括照明设备、热水器、电冰箱、空调等。因此，每类用户可以参与到多种需求侧响应项目中。

4.4　计及需求侧响应资源的负荷预测方法

4.4.1　总体思路

根据前文的分析，用电负荷受到不同因素的影响，而且影响效果不同，因此，在进行负荷预测时应该在了解各个影响因素的影响机理的前提下进行。另外在售电市场逐渐放开的环境下，还要考虑需求侧资源的响应潜力，将需求侧资源对负荷的影响考虑在内，这样才能进行较为精确的负荷预测，以避免扩容方案粗放带来的投资浪费。因此可以按照未考虑需求侧响应资源的传统预测方法先进行原始负荷预测；然后充分分析各地区需求侧响应潜力，将需求侧资源影响因素考虑在内进行负荷预测；最后将原始负荷和响应负荷进行叠加，以此进行较为精确的负荷预测。基本步骤可概括为"细分负荷响应资源，叠加传统负荷预测"，框架如图 4-6 所示。

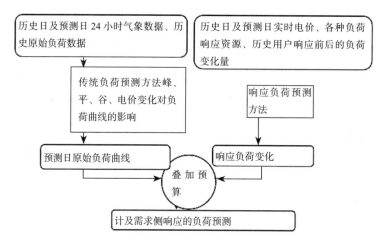

图 4-6　计及需求侧响应资源主动配电系统负荷预测思路

（1）设定预测范围。某一变电站辐射范围。

（2）划分接入变电站馈线上的用户类型。

（3）分析每类用户的响应资源。分析不同响应资源对用户负荷的不同影响方式，在负荷预测的过程中应该准确识别各类需求侧响应资源对用户原始负荷的影响，进行定性分析。

（4）将预测期内需求侧响应资源对用户负荷的影响效果进行量化。在上一步定性识别的基础上构建模型，结合数据处理技术，得到预测期内需求侧响应资源引起的用户负荷变化量，再与原始负荷值进行叠加，从而求得计及需求侧响应资源的负荷预测值。

（5）采用多层叠加技术计算得出变电站馈线上的用户最大负荷。采用负荷同时率处理技术，逐层叠加得出变电站辐射区域内的预测结果。

4.4.2 模型构建

计及需求侧响应资源的负荷预测，总体分为三个步骤：第一步，测算能效类资源对电力用户用电负荷的影响效果；第二步，以第一步为基础，考虑负荷类资源对电力用户用电负荷的影响效果；第三步，在前两步测算出需求侧响应资源对用户负荷影响值的基础上，与原始负荷进行叠加，从而得出负荷预测值，计算预测误差。具体建模过程如下：

（1）测算能效类资源对负荷的影响

考虑各种能效类资源作用下的电力用户用电变化量。能效类资源可以在整个预测期内降低电力用户的用电量，用 ΔQ_t 表示用户在 t 时刻的节约电量，用 ΔQ_{it} 表示在 t 时刻第 i 种能效类资源作用下的电力用户节约用电量，$Q_{it,0}$ 表示在 t 时刻第 i 种能效类资源作用前的电力用户初始用电量，$\varphi_{er,i}$ 为第 i 种能效资源的总降耗率，等于负荷渗透率与自然节电率的乘积；h_t 为状态系数，用以描述第 i 种能效类资源是否存在，其值为 0 表示不存在，值为 1 表示存在。因此在能效类资源作用下该用户 t 时刻的节电量为：

$$\Delta Q_{it} = Q_{it,0} h_t \varphi_{er,i} \tag{4.16}$$

由此得出，多种能效类资源作用下，用户在 t 时刻节约电量总量为：

$$\Delta Q_t = \Delta Q_{1t} + \Delta Q_{2t} + \cdots + \Delta Q_{mt} \tag{4.17}$$

式中：m 为能效类资源的种类总数。

因此，将用电变化量与原始用电量进行叠加，便可以求得用户对能效类资源响应后的 t 时刻用电量：

$$Q_{er,t} = Q_{t,0} - \Delta Q_t \qquad (4.18)$$

（2）测算负荷类资源对负荷的影响

负荷类资源包含各种行政措施或经济手段，这些措施和手段主要是需求响应用户通过自愿选择用以转移用电时间或减少自身用电量，以达到改变用电负荷的目的。负荷类资源对负荷曲线的作用主要表现为负荷曲线形状的变化，其中对负荷影响较为复杂的负荷资源为电价需求侧响应资源，而其他的负荷资源（如行政措施）对负荷影响方式较为简单，下面针对以上两种情况分别进行讨论。

其中，行政措施主要有直接负荷控制和有序用电管理，经济手段主要包括阶梯电价、峰谷电价、可中断电价和季节性电价等电价政策。

在行政措施影响下，负荷曲线主要表现为下降趋势，负荷削减模型为：

$$\Delta P_{i,t} = P_{t,er,0} - Q_{er,t}\mu_i \frac{1}{\eta_{lo,i}t} \qquad (4.19)$$

式中：$\Delta P_{i,t}$表示在t时刻第i种负荷类资源影响下的负荷削减量；$P_{t,er,0}$为t时刻能效类资源响应后的负荷；μ_i为状态系数，是用于描述第i种负荷类资源是否存在的，为 1 表示存在，为 0 表示不存在；$\eta_{lo,i}$表示在t时刻电力用户在第i类负荷资源影响下的负荷率。其中负荷率等于平均负荷率与负荷渗透率的乘积。

因此在行政措施影响下，在多种负荷类资源响应下的负荷削减量为：

$$\Delta P_t = (\Delta P_{t,1} + \Delta P_{t,2} + \cdots + \Delta P_{t,n})\sigma_t \qquad (4.20)$$

式中：σ_t为负荷类资源共同作用的同时率；n为电力用户拥有的负荷类资源总数。需要注明的是，式（4.20）中的ΔP_t表示在能效类资源和行政措施影响下的负荷资源共同作用下的负荷削减量，因为在计算负荷类资源作用下的负荷削减量时已经考虑了能效资源作用下的负荷变化。

因此，在能效类资源和行政措施影响下的负荷资源共同作用下的t时刻负荷为：

$$P_t = P_{t,0} - \Delta P_t \qquad (4.21)$$

式中：$P_{t,0}$为无需求侧响应资源作用下的电力用户原始负荷。

在经济措施影响下的负荷响应资源，主要是指各种电价政策对用电需求的影响，如峰谷电价、阶梯电价、季节性电价和可中断电价等，负荷曲线表现为形状的变化，这种响应方式使负荷曲线变得更加平滑，通过这种负荷资源的响应可以达到良好的削峰填谷效果。

电力用户对价格的响应规律可以利用价格弹性矩阵进行表征。在当前实施的电价政策下，当电力价格发生变化时，用电需求也会随之变化，因此可以通过弹性矩阵来计算用户用电需求的变化量，进而对响应后的负荷进行预测。弹性矩阵建立及求解过程如下：

步骤一：建立响应弹性矩阵

同一时刻的功率需求变化率与电价变化率之比称为自响应弹性系数（此时，$i = j$），其值为负，计算公式为：

$$e(i, j) = \frac{\Delta P_i}{P_i^0} \div \frac{\Delta \rho_i}{\rho_i^0} \qquad (4.22)$$

式中：$\Delta P_i = P_i - P_i^0$；$\Delta \rho_i = \rho_i - \rho_i^0$。$P_i^0$ 和 P_i 分别表示用户对电价响应前后的电力负荷；ρ_i^0 和 ρ_i 分别表示初始电价和响应电价。在上式中，若 $i \neq j$，就转变为交叉弹性系数，即某一时刻的负荷变化率与另一时刻的电价变化率之比，其值为正。

因此，响应弹性矩阵可以由自弹性系数和交叉弹性系数构成，如公式（4.23）所示：

$$\begin{vmatrix} e(1, 1) & e(1, 2) & \cdots & e(1, 24) \\ e(2, 1) & e(2, 2) & \cdots & e(2, 24) \\ \cdots & \cdots & \cdots & \cdots \\ e(24, 1) & e(24, 2) & \cdots & e(24, 24) \end{vmatrix} \qquad (4.23)$$

式中：$e(i, j)$ 表示 j 时刻的电价变化对 i 时刻的负荷影响程度。

由公式（4.22）和（4.23）便可以推导求得在 t 时刻的电价变化量而引起的需求变化量，即：

$$\Delta P_{\rho,t} = P_{t,0} \sum_{i=1}^{24} e(t, i) \Delta \rho_i \qquad (4.24)$$

式中：$P_{t,0}$ 表示在 t 时刻的原始负荷。

综合以上分析，可以得出计及需求侧响应资源的 t 时刻负荷预测结果：

$$P_t = P_{t,0} + \Delta P_t + \Delta P_{\rho,t} \qquad (4.25)$$

式中：$P_{t,0}$ 表示没有需求侧响应资源作用下的原始负荷；ΔP_t 为能效类资源和行政措施负荷资源作用下的 t 时刻负荷削减量；$\Delta P_{\rho,t}$ 为经济措施负荷资源作用下的 t 时刻负荷变化量。

步骤二：求解响应弹性矩阵

响应弹性矩阵反映了电价变化对用户用电负荷的影响程度。若预测日和历史日在电价响应前的负荷差异较大，那么预测日与历史日的弹性系数区别较大，难以真实地表现出预测日的电价变化对用户用电负荷的响应规律。因此，历史日的选择对负荷预测的准确性有重要的作用。根据负荷的影响因素，可以按照日类型、气候条件的相似程度确定历史相似日。如果预测日是特殊鲜见的天气状况，难以找出具有相似天气状况的历史日，则可以加入修正因子来判断气象的异常，依据气象灵敏度找到与预测日相似的历史日。在相似历史日中再进一步筛选出日期最靠近预测日的相似日，记为 D_s。在选定相似日的前提下，通过遗传算法，依据相似日的响应前后电价变化及负荷变化，优化识别响应弹性矩阵，具体步骤如下：

①采用相关分析法（在下一小节详细阐述），依据日类型、气候条件等因素，选取与预测日具有较高相关性的相似日 D_s，并获取 D_s 24 小时响应前负荷和电价以及响应后负荷和电价。

②用 $P_{0t}(d)$、$P_t(d)$ 分别表示 D_s 在 t 时刻响应前负荷和响应后负荷；用 $\rho_t(d)$ 表示 t 时刻的实时电价；用 $P_0(d)$ 表示在 t 时刻电价变化前的初始电价；$\Delta P_t(d)$ 表示历史相似日在 t 时刻的负荷变化率；$\Delta \rho_t(d)$ 表示历史相似日在 t 时刻的电价变化率，$t=1,2,\cdots,24$；$d=1,2,\cdots,D$。

③利用 $\Delta P_{t(D\times1)}^1 = (E_{t(1\times24)})\Delta \rho_{t(24\times D)})^T$ 估计 $\Delta P_{t(N\times1)}$，并设目标函数为

$$\min Q = \sqrt{\sum_{d=1}^{D} \frac{(\Delta P_t^1(d) - \Delta P_t(d))^2}{D}} \qquad (4.26)$$

④采用遗传算法对公式（4.26）进行优化，将 $E_{t(1\times24)}$ 中的元素编码后形成染色体，初始化群代数，令 gen=1。

⑤求解适应度函数 $\text{fitness} = \dfrac{1}{Q}$，通过杂交、变异、选择等方式优化染色体。

⑥若种群代数达到最大值 $\max(\text{gen})$，执行⑦；否则转向⑤，令 $\text{gen} = \text{gen} + 1$。

⑦提取并保存优化结果 $E_{t(1\times24)}$。

⑧若 $t>24$，执行②，反之，令 $t=t+1$，对下一个时刻的响应弹性系数进行优化。当 $t=24$ 时，运算结束。具体流程如图 4-7 所示。

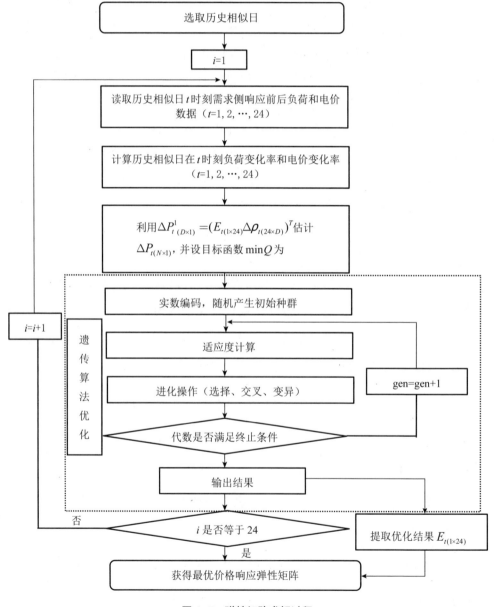

图 4-7 弹性矩阵求解过程

（3）计算预测误差

预测误差通过均方根误差 RMSE 计算，公式为：

$$\text{RMSE} = \sqrt{\frac{1}{24}\sum_{i=1}^{24}(\frac{P_i^{'} - P_i}{P_i^{'}})^2} \qquad （4.27）$$

式中：P_i 和 $P_i^{'}$ 分别表示预测日的预测负荷和预测日的实际负荷。

4.4.3　历史相似日的选取

在上文价格响应弹性矩阵的求解过程中，需要选取与预测日相关性较高的历史相似日，这样求解的弹性矩阵才能较准确地反映出预测日负荷的价格响应情况。统计学中的相关性分析是衡量两个变量间相关程度的常用方法。因此借助此方法，分析与预测日具有较高相关性的历史相似日。相关性分析算法设计如下：

4.4.3.1 特征向量的选取

气象因素和日类型因素是影响负荷形态的重要因素，因此将日特征向量 E 表征为：$E = [M, D, W]$。特征向量元素含义如下：

①M 代表一天 24 小时的气象因子向量，通常用温度、湿度、风向、风力、太阳照射强度来描述。如果预测日是特殊鲜见的天气状况，难以找出具有相似天气状况的历史日，则可以加入修正因子来判断气象的异常，依据气象灵敏度找到与预测日相似的历史日。

灰色关联度分析对动态历程分析尤为适合，每日的气象情况在每一时刻都会发生微妙的变化，因此可以利用灰色关联度分析匹配气象因子，并通过灰色关联系数衡量参考数列（预测日 24 小时的气象因子向量）与比较序列（预选取相似日的气象因子向量）在每一刻的量化度量关系。关联系数定义为：

$$\zeta_i(k) = \frac{\min\limits_{i}\min\limits_{k}|x_0(k) - x_i(k)| + \rho \times \max\limits_{i}\max\limits_{k}|x_0(k) - x_i(k)|}{|x_0(k) - x_i(k)| + \rho \times \max\limits_{i}\max\limits_{k}|x_0(k) - x_i(k)|} \qquad （4.28）$$

$$(k = 1,2,\cdots,m \quad i = 1,2,\cdots,24)$$

式中：$x_0(k)$ 代表预测日的气象因子向量；$x_i(k)$ 为比较日的气象因子向量；ρ

为分辨系数，$0 < \rho < 1$，ρ越小，关联系数间差异越大，区分能力越强，通常ρ取 0.5。通过公式（4.28）可以验证，关联系数越大，差异性越小，待预测日与历史日的关联度也越大。但该系数是在不同时刻考察比较数列与参考数列的关联程度，数值为多个，即 24 列元素。由于信息的分散不便于进行整体衡量，因此需要将每个时刻的匹配系数求出平均值，如公式（4.29）所示：

$$\overline{\zeta_k} = \frac{\sum_{i=1}^{N} \zeta_i(k)}{N} \tag{4.29}$$

式中：$\overline{\zeta_k}$为每时刻气象因子匹配系数的平均值，其值越接近于 1，说明关联度越高。i表示每一时刻，N取值为 24，即在一天中以每一小时为一个度量单元。

②D代表时间因子，利用时间因子匹配系数来表征预测日与比较日在时间上的相似程度，即比较日与预测日的日期间隔。并且考虑负荷在不同节假日、双休日以及呈周期性的变化规律。时间因子匹配系数如公式（4.30）所示：

$$\delta_i(t) = \chi_1^{(1-S_i)\bmod(t/N_1)} \chi_2^{(1-S_i)\mathrm{int}(t/N_2)} \chi_3^{S_i\mathrm{int}(t/N_2)} \tag{4.30}$$

式中：t代表预测日与第k个比较日的时间间隔；χ_1，χ_2，χ_3是衰减系数，分别表示预测日与比较日的日期间隔每增加一天、一周和一年的相似缩减比例，通常在区间 [0.9，0.98] 内取值；S_k取 0 或 1，当第k个比较日与预测日为同一类型的节假日时，取值为 1，反之取 0；N_1，N_2等于 7，为一常数，即一周的天数。因为某些重大节假日之间的天数间隔小于 365，N_3可取值为 350。

③W代表星期因子，表示预测日与比较日的星期相关程度，用星期因子匹配系数衡量相关度。其值越接近于 1，星期类型相近程度就越大。星期因子匹配系数为：

$$\gamma_k = 1 - |f(X_k) - f(X_0)| \tag{4.31}$$

式中：$f(X_k)$为星期量化函数，函数映射如表 4-3 所示；X_0和X_k分别是预测日和第k个比较日的星期类型，取值分别为 1，2，3，4，5，6，7。

表 4-3　星期量化函数映射

星期量化函数	映射值
$f(X_1)$	0.1
$f(X_2)$	0.2
$f(X_3)$	0.2
$f(X_4)$	0.2
$f(X_5)$	0.3
$f(X_6)$	0.7
$f(X_7)$	1

4.4.3.2 相似度

上述分别定义了气象因子匹配系数、时间因子匹配系数以及星期因子匹配系数，则综合匹配相似度用如下公式表示，用于最终表征比较日与相似日关联程度：

$$R = \overline{\zeta_k} \times \delta_k(t) \times \lambda_k \qquad (4.32)$$

从公式的推导过程可知，R 值越大，相关度越高。

4.5　算例分析

4.5.1　基础数据

以沈阳市某一变电站中所供电的全部用户为研究对象，在 Matlab 环境下建立一系列仿真算例对配电台区进行负荷预测，通过供电信息系统获得了该变电站范围内各用户 2016 年的典型日 96 点数据和负荷曲线，并把这些数据作为参照数据。其中 80% 作为训练数据集，20% 作为检测精度及预测性能的数据集。

4.5.2　预测结果

（1）未计及需求侧响应资源的负荷预测

图 4-8 是分别选用 GNN-BKP 模型和 ANN-BKP 模型，采用误差反向传播梯度搜索学习算法对数据集进行短期负荷预测。模型虽然在训练和测试过程中取得了较好的效果，但预测精度也有提升空间。

为了把握历史数据规律，提高预测精度，在预测实例中采用二阶 Daubechies 小波作为母小波，通过离散小波变换和它的逆变换的多分辨率分解把负荷序列分解为 4 个小波分量（即一个高频分量 A3 和三个低频分量 D1，D2，D3）。其中 t，$t-1$，$t-2$ 三个时刻的小波分量作为训练输出，$t+1$ 时刻的小波分量作为预测结果进行模型输出。在图 4-9 中分别显示了各小波分量的预测结果。

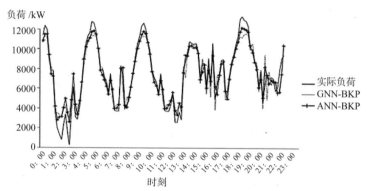

图 4-8　GNN-BKP 和 ANN-BKP 模型的负荷预测结果

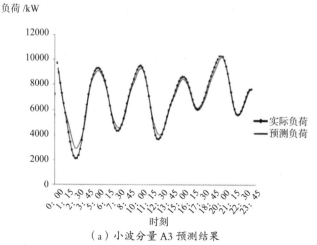

（a）小波分量 A3 预测结果

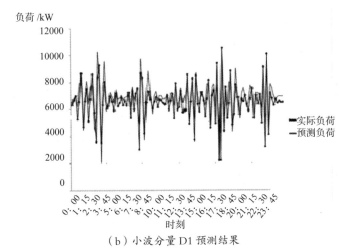

（b）小波分量 D1 预测结果

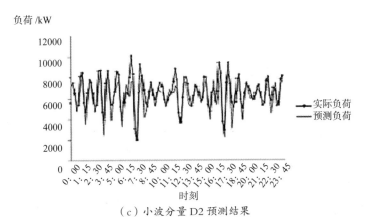

（c）小波分量 D2 预测结果

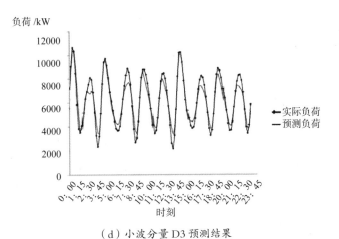

（d）小波分量 D3 预测结果

图 4-9 执行 GNN-W 时小波分量的预测结果

为了进一步提高模糊神经网络的预测精度，采用自适应遗传算法对模糊规则进行训练。其中 GAF 的初始参数如下。种群规模：50；交叉概率，初始值：0.9；突变的概率，初始值：0.1；遗传规则：锦标赛规则；世代数：100。

在模糊系统中将隶属函数和隶属函数值作为输入变量，即 BF，UN 和 VF，用于修正 GA 知识参数。利用模糊记忆模块（FAM）的模糊真值表示输入和输出之间的关系（p_c 或 p_m 值）。并且在训练期间采用 FAM 选择可接受的 BF，UN 和 VF，如表 4-4 所示。执行 GNN-GAF 期间的交叉和变异概率的变化如图 4-10 所示。

表 4-4　函数可接受区间

区间		L	M	H
p_c	区间	0.52~0.71	0.65~0.8	0.65~1.06
	最大	0.7	0.75	1.0
p_m	区间	0.001~0.065	0.065~0.085	0.065~0.15
	最大	0.001	0.075	0.15
BF	区间	0~0.7	0.6~0.9	0.8~1.1
	最大	0	0.8	1.1
UN	区间	0~5	2~8	6~12
	最大	0	7	12
VF	区间	0~0.14	0.2~0.16	0.14~0.3
	最大	0	0.15	0.3

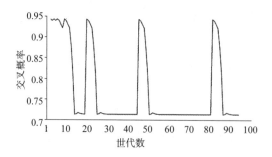

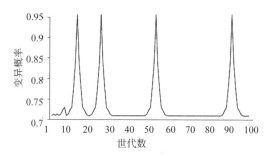

图 4-10　执行 GNN-W-GAF 时交叉概率和变异概率的变化趋势

从图 4-11 和图 4-12 的显示结果可以看出，模型的适应性显著提高，预测结果也更为精确。其中各个预测模型预测精度的对比如表 4-5 所示。

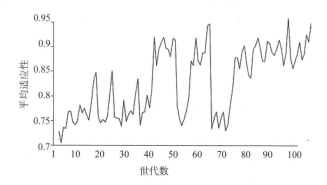

图 4-11　GNN-W-GAF 平均适应性图

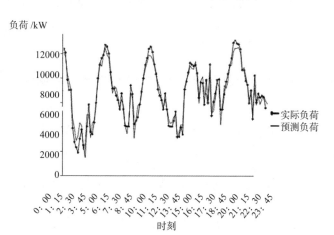

图 4-12　GNN-W-GAF 短期负荷预测结果

表 4-5　不同预测模型预测精度对比

预测模型	均方根相对误差 RMSE（%）
ANN–BKP	2.3564
GNN–BKP	2.0832
GNN–W	1.8274
GNN–W–GAF	1.3942

（2）计及需求侧响应资源的负荷预测

首先进行用电户分类，细化各类用户的主要用电设施，考虑能效类资源和负荷类资源政策作用，测算用户发生的节电行为，将其叠加到 GNN–W–GAF 每时刻负荷预测值，最终计算得到电力负荷预测结果。

通过调取供电公司用电采集数据可知，该变电站供电范围内包含除大工业以外的社会经济八大行业中的大部分电力用户类别，基本情况如下：

建筑业的用电设施主要有起重机、搅拌机、焊接切割设备等；

运输仓储用户的用电设施主要有电动机、空调、照明设备等；

IT 信息用户的用电设施主要有服务器、空调、交换机等；

商业用户及综合性商业体的用电设施功率较大，种类多，主要有游艺设备、空调、电梯、电热炉、照明、通信设备等。普通商业用户的用电设施主要有空调、照明设备等；

住宿和餐饮行业的用电设施主要有电热锅炉、空调、照明设备等；

金融用户的用电设施主要有计算机、空调、照明设备等；

居民用户的用电设施主要有照明设备、热水器、空调、电冰箱等；

机关单位和其他用户统一划分为照明、电梯、空调等。

现取负荷率和降耗率为经验值，预测方法中采用的基础数据如表 4-6 所示。

表 4-6　计及需求侧资源的负荷预测基础数据

用户类型	能效资源下的平均降耗率	负荷类资源下的平均负荷率
工业（水电气基础供应）	0.0213	0.6201

用户类型	能效资源下的平均降耗率	负荷类资源下的平均负荷率
建筑业	0.0305	0.671
运输仓储	0.0385	0.3347
IT 信息用户	0.122	0.9177
商业用户	0.1319	0.5226
住宿和餐饮	0.1257	0.6239
金融用户	0.0865	0.6919
机关单位	0.1525	0.55
居民	0.1535	0.38

从表 4-7 可以明显看出，通过计算得出引入需求侧资源后的节点效果，预测偏差更小，更接近实际情况。根据上述模型，现将需求侧资源引入前后各类用户全年用电量和最大负荷的数据进行对比分析，以此进一步说明需求侧响应的节电效果。如表 4-8 和表 4-9 所示。

表 4-7　计及需求侧资源前后的负荷预测结果对比

预测方法	均方根相对误差 RMSE（%）
未考虑需求侧资源	2.1942
考虑需求侧资源	1.5651

表 4-8　计及需求侧资源前后全年电量结果对比

用户类型	未考虑需求侧资源（MWh）	考虑需求侧资源（MWh）
工业（水电气基础供应）	9130.667	8766.340

用户类型	未考虑需求侧资源（MWh）	考虑需求侧资源（MWh）
建筑业	507.315	519.475
运输仓储	5678.438	5952.355
IT 信息用户	304.342	300.823
商业用户	14352.832	13900.849
住宿和餐饮	726.665	695.820
金融用户	129.436	126.143
机关单位	217.872	203.872
居民	1241.182	1118.982

表 4-9　计及需求侧资源前后最大负荷结果对比

用户类型	未考虑需求侧资源 /kW	考虑需求侧资源 /kW
工业（水电气基础供应）	4401.374	4090.214
建筑业	217.421	211.723
运输仓储	1682.349	1474.594
IT 信息用户	80.593	76.438
商业用户	3634.850	3412.666
住宿和餐饮	86.190	89.419
金融用户	9.382	8.676

用户类型	未考虑需求侧资源 /kW	考虑需求侧资源 /kW
机关单位	2.677	2.223
居民	363.478	302.745

从以上两表可以看出，在需求侧资源的作用下，各电力用户的用电量降低了 10% 以上，最大负荷降低 20% 以上，两者均呈明显的下降趋势，达到了需求侧响应的预期效果，降低了变电站和线路的扩容需求，具有可观的投资节约效益。

需要说明的是，若在实时电力市场，价格相对于其他因素将会成为不稳定因素，实时影响需求侧用电需求的变化，在这种情况下，可以依据前文的弹性矩阵得出负荷的变化量，由此对负荷进行预测。下一小节将对此问题进行分析，同时探讨相似日选取特征对预测精度的影响。

4.6　实时电价响应下的负荷预测

随着我国电力市场改革的逐步深化，实时电价的响应形式将是必然趋势。价格相对于其他因素将会成为不稳定因素，实时影响需求侧用电需求的变化。在这种情况下，价格弹性矩阵成为影响负荷预测精确度的重要因素，而对于价格弹性矩阵的运算是通过历史相似日的数据得出的，因此本节将以实例的形式讨论相似日的相关性对预测精度的影响。

4.6.1　数据来源

数据来源于欧洲负荷预测竞赛智能库。在模拟算例中将北欧电力市场某地区的日负荷作为实时电价响应前的负荷数据，原始恒定电价及实时响应电价如图 4-13 所示，由于实时电价受到市场环境的影响，具有波动性，因此在实时电价的基础上加上一个随机变量（可以是正值也可以是负值），用于模拟市场电价的波动性。

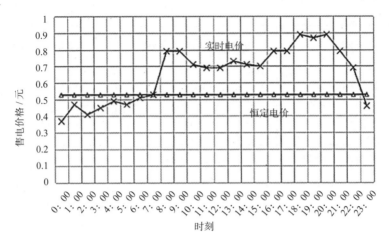

图 4-13 恒定电价与实时电价

将预测日 2016 年 12 月 31 日在当天实施响应后的负荷作为实际负荷，用于与预测结果进行对比分析。受到客观条件的限制，可以采集的电力用户响应数据较少，另外响应用户的类型不同，因此以下分析研究所用到的响应后负荷数据样本是根据具有相似的负荷规律和负荷特性的用户原始负荷数据拟合得到的。

4.6.2 相似日的选取

根据前文定义的相关性分析方法，计算综合匹配相似度 R，选取具有较高相关性的相似日作为弹性矩阵的优化样本集。相似日选择的样本数据为 2014 年至 2016 年该地区的气象数据。预测日为 2016 年 12 月 31 日周六，最高温度 12℃、最低温度 7℃、湿度指标 40%、东南风微风、光照强度弱。选取的相似日与相关度如表 4-10 所示。x_1，x_2，x_3 分别取 0.92，0.95，0.98。

表 4-10 历史相似日及相关度

预测日	相似日 1	相似日 2	相似日 3	相似日 4	相似日 5	相似日 6	相似日 7
2016-12-31	2016-12-23	2016-12-15	2016-11-31	2016-10-23	2015-12-27	2015-12-26	2015-12-18
相关度 R	0.983	0.98	0.978	0.978	0.974	0.97	0.958

续表

预测日	相似日 8	相似日 9	相似日 10	相似日 11	相似日 12	相似日 13	相似日 14
2016–12–31	2015–12–1	2015–11–29	2014–12–1	2014–12–23	2014–12–7	2014–11–27	2014–11–23
相关度R	0.955	0.948	0.918	0.899	0.858	0.826	0.813

4.6.3　弹性矩阵的求解

根据选取得到的历史相似日，通过公式（4.22）计算相似日的价格弹性矩阵，作为训练样本。采用遗传算法对公式（4.26）进行优化。

编码形式：将$E_{t(1\times24)}$中的元素进行实数编码后形成染色体，初始化种群代数，令gen = 1。

初始种群：随机产生。为了提高算法的收敛速度，将相关度最高的历史相似日价格弹性矩阵形成的染色体作为初始种群中第一个染色体。

适应度函数：fitness = $\dfrac{1}{Q}$。

选择机制：轮换法选择机制。

杂交概率 0.6；变异概率 0.1。遗传算法初始值设置情况如表 4–11 所示：

表 4–11　遗传算法的参数初始化

遗传算法	进化代数	种群规模	变异概率	交叉概率	染色体编码
参数	200	100	0.1	0.6	实数编码

由于优化参数约束为$e(i, j) < 0(i = j)$，$e(i, j) > 0(i \neq j)$，解空间过大，因此令合理解无法求得，为了解决这个问题，在算法中将通过合理参数的选取来对解空间的域度进行约束，令$e(i, j)(i = j)$，$e(i, j)(i \neq j)$的取值范围分别为$(-A, 0)$和$(0, A)$，其中，$A > 0$。

4.6.4　算例结果分析

根据上述模型进行负荷预测时，取$A = 0.5$，并选出相关性较高的 14 个历史相似日作为训练样本，遗传算法进化次数和最优目标函数关系如图 4-14 所示。

从图 4-14 可以看出，随着进化次数的增加，最优的目标函数值也随之减小，最终求得了最优解，即最优弹性矩阵。将其代入公式（4.24）中，即可求得由价格变化而引起的需求量变化，以此根据负荷预测模型得出负荷预测结果。

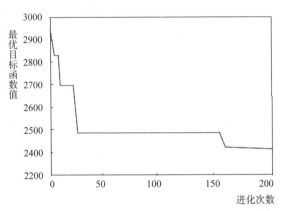

图 4-14　进化次数和最优目标函数关系

负荷预测曲线如图 4-15 所示：

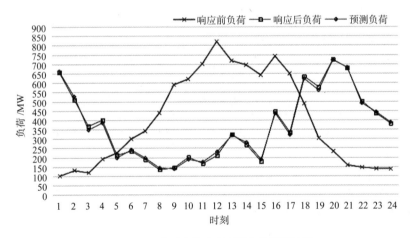

图 4-15　实时电价响应下的负荷预测结果

表 4-12　负荷预测百分比误差

时刻	负荷实际值（MW）	预测值（MW）	误差（%）	时刻	负荷实际值（MW）	预测值（MW）	误差（%）
1：00	656	651	0.762	13：00	323	318	1.548

续表

时刻	负荷实际值（MW）	预测值（MW）	误差（%）	时刻	负荷实际值（MW）	预测值（MW）	误差（%）
2：00	510	517	−1.373	14：00	267	277	−3.745
3：00	367	357	2.725	15：00	178	180	−1.124
4：00	400	385	3.750	16：00	444	441	0.676
5：00	212	205	3.302	17：00	333	321	3.604
6：00	234	241	−2.991	18：00	633	621	1.896
7：00	189	191	−1.058	19：00	577	559	3.120
8：00	134	137	−2.239	20：00	723	720	0.415
9：00	145	139	4.138	21：00	679	681	−0.295
10：00	201	189	5.970	22：00	500	489	2.200
11：00	167	175	−4.790	23：00	434	441	−1.613
12：00	210	213	−1.429	24：00	380	386	−1.579

由图 4-15 可以看出，预测曲线与实际负荷曲线具有较好的拟合性，说明该方法可以很好地预测考虑实时电价响应后的负荷。计算可知，均方根相对误差 RMSE（%）为 2.041，误差较小。另外，从表 4-12 可以得出每小时的相对误差（%）均很小，可见上文中所提出的计及需求侧响应资源的负荷预测方法效果较好，精确度较高。

4.6.5　相似日相关性大小对预测精度的影响

在进行实时电价响应的负荷预测时，根据参数的不同取值，发现以下几个因素是影响预测精度的主要因素：

（1）寻优解空间的界定

在其他条件不变的情况下，预测结果会随着解空间边界值 A 的不同而不同，如图 4-16 所示。对比图中的不同负荷曲线可以发现，A 值过小或过大都会影响到预测精度，使预测误差增大。当 A 值选取较小时，弹性系数的解空间相对缩小，无法找到足够大的响应弹性系数，因此，某些弹性系数不能真实地反映用户需求在实时电价响应下的变化情况，使预测误差增大；而当 A 值选取较大时，就会增加算法的搜寻范围，寻优时间过长，当遗传算法的种群、代数不变时，求得的不是最优解，同样使预测误差增大；当 $A=0.5$ 时，解空间边界取值合理，因此预测误差相对较小。

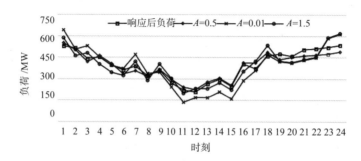

图 4-16　寻优解空间的界定对预测精度的影响

（2）相似日与预测日的相关性

选取相关性不同的两组相似日对同样的样本数据进行预测，结果如图 4-17 所示，从图中明显看出，相关性越大，预测精度就越高。

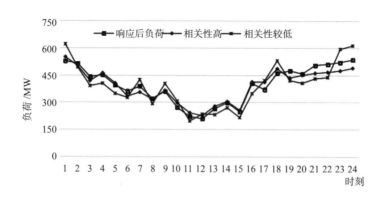

图 4-17　相似日与预测日的相似程度对预测精度的影响

（3）相似日的相关性对最优解空间的影响

选取相关度高的样本数据作为训练数据，通过设定不同的边界值，对负荷分别进行预测，预测结果如图 4-18 所示。从图中可以看出，当 A 取值为 0.1 时的预测精度要高于 A 取 0.5 时的预测精度，这就说明了响应弹性系数的最优解空间会受到相似日与预测日的相关性的影响，所以，在实际预测时要充分考虑相关度与解空间的关系，设定与相关度相匹配的解空间边界值。

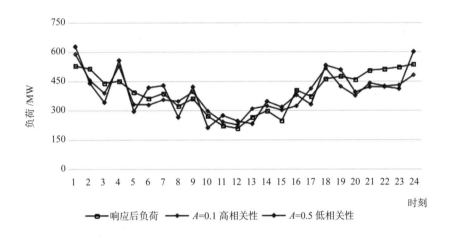

图 4-18　相似日的相关性对最优解空间影响

（4）相似日天数

选取相似日与预测日相关性高的数据样本，同时令 A 取 0.1，通过改变相似日的天数分别进行负荷预测，图 4-19 显示了相似日的天数分别在集合（5，14，24，34）中的负荷预测结果。如表 4-13 所示，当相似日为 24 天时，预测精度最高，这种情形可以通过高维方程组的解形式来解释，即当方程非线性相关且个数小于求解维数时，有无数解；方程非线性相关且个数等于求解维数时，有唯一解；方程非线性相关且个数大于求解维数时，无解。由于在确定响应弹性矩阵的各个元素时，相当于对一个 24×24 的方程组进行求解，因此遵循上述解形式，即在 24 时负荷预测中，解向量空间为 24 维，那么如果选取的天数为 24 且互不相关时，理论上方程组有唯一解，没有次优解，因此可以求得唯一的弹性系数，此时解空间最小，预测精度最高；若相似日天数小于解向量维度，解空间扩大，寻优困难，预测效果不理想；若相似日天数大于解向量维度，那么在无解的条件下寻优，多出的相似日约束就会令预测误差增大。若所求方程组不能简化为线性方程组，则不能按照上述解释，需要进行深入探究。

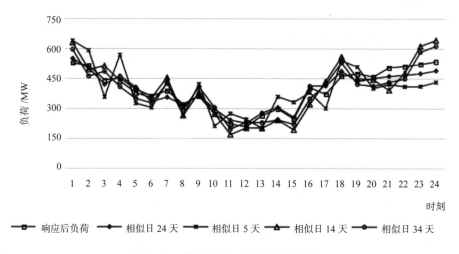

图 4-19 相似日天数对预测精度的影响

表 4-13 寻优解空间界定及相似日天数对预测精度的影响

相似日天数	均方根相对误差 RMSE（%）	
	$A=0.1$	$A=0.5$
14	2.585	2.151
24	2.214	2.041
34	2.313	2.375

4.7 本章小结

本章首先提出了未计及需求侧资源的较为先进的 GNN-W-GA 预测模型。仿真结果表明，该模型适应性较高，预测结果较为精确。然后在以上预测基础上，考虑各类型用户在能效类资源下的平均降耗率和负荷类资源下的平均负荷率对原始预测负荷的影响，提出了一种"细分负荷响应资源，叠加传统负荷预测"的负荷预测方法，进一步提高了预测精度，为当前的电力规划和投资提供了新的思路。同时深入分析了在实时电价响应下的负荷预测精度问题，通过模拟分析发现预测日与相似日的相关性、寻优解空间的界定、相似日天数对预测精度有较大的影响。得出了与预测日高相关性的相似日和解向量维数相等的非线性相似日天数都能够提高预测精确度的结论。

第5章 需求侧响应效益分析及响应模型构建

需求侧响应的成本可以分为参与成本和系统成本。需求侧响应项目的效益分为系统效益、用户效益和社会效益三类。本章以电力公司的成本和效益为例，说明需求侧响应成本—效益分析的基本过程。只有当响应项目的益本比符合标准时，实施项目才有意义。另外，电力公司和参与需求侧响应项目的用户要通过相关的计算方法分析需求侧响应措施可能引起的电价和需求量变化情况。因此，选取"基于价格"的分时电价和"基于激励"的紧急需求响应两项需求响应措施，构建了负荷响应模型（可避免负荷模型、可转移负荷模型），探究电力需求的变动方式以及需求侧最佳的电量消费形式。

5.1 需求侧响应成本与效益分析

5.1.1 需求侧响应成本

需求侧响应的成本主要包括两部分，即用户参与成本和电力系统成本，如图 5-1 所示。

参与成本发生在用户侧，改变用电方式、调整用电时段都可能发生额外的费用，比如增加控制用电时间的设备（控制设备包括接收器、控制器和智能表计等）、通信设备安装费用、改变人工时间支付的工资等。某一系统内参与成本总量取决于参与响应用户的数量，这种费用主要由用户承担。

系统成本发生在电网企业，是电网公司为了建立整个响应体系而进行的硬件设备、软件系统和运维机构建设而发生的。系统成本往往比较巨大，只有在比较广泛的电力系统中实施才会取得理想的效益。

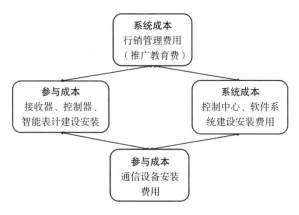

图 5-1 需求侧响应的成本示意图

5.1.2 需求侧响应效益

需求侧响应能够为电力系统的各方面带来良好效益，降低了用户电费支出，减少了电网建设资金，提高了发电厂效率。其核心部分是降低了电力系统平衡调节成本，节约了全社会电力相关资源。

需求侧响应项目的效益体现为系统效益、用户效益和社会效益，如图 5-2 所示。系统效益包括削减高峰负荷、维持系统可靠运行、提供辅助服务和减少电网增容改造建设工程；用户效益包含优化市场运行机制、降低批发市场电价飙升的影响；社会效益包括煤炭等资源降耗、降低碳排放量、缓解温室效应、改善空气质量等。

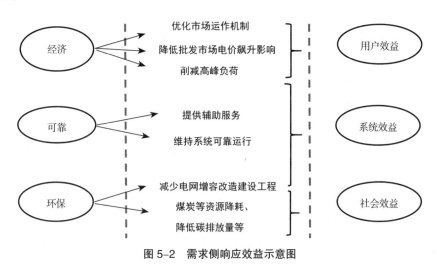

图 5-2 需求侧响应效益示意图

（1）系统效益

削减高峰负荷：整个电力系统的实时平衡是最基本条件，一旦平衡瓦解，电厂停发、用户停电，带来的社会危害十分巨大。因此，当系统负荷处于高峰或低谷时段，调度机构就会被迫要求电厂的备用机组参与发电或关停正在运行的机组，不得不支付更高电价来让电厂完成调解平衡的指令。若此时在需求侧进行响应，可以产生负荷削减或增加，并对削减负荷的用户给予一定的经济补偿，来满足紧急用电户的需求，从而降低系统整体高峰负荷、消除电力系统危机。

维持系统可靠运行：电力系统中的负荷越高，线路设备过载和跳闸的概率就越大。当需求侧进行响应时，电力系统的负荷峰值就会降低，负荷变化的幅度减小，发生故障的概率随之降低，对维持系统可靠运行非常有利。

提供辅助服务：随着电力市场机制不断完善优化，发、输、配、售四个环节形成独立的承载主体，辅助服务是电力市场中各环节的重要组成部分。而需求侧响应项目的实施，可以将部分电量转化为辅助服务中冷备用容量，进而提供辅助服务。

减少电网增容改造建设工程：需求侧响应项目的实施，可以缓解电网系统输送不足的压力，减少供电企业对新增容量进行电网建设的投资。

（2）用户效益

优化市场运行机制：电力市场中影响价格波动的因素很多，当上网电价快速上涨时，往往是发电紧张负荷又较大的时期。当需求侧响应参与电力系统时，可以有效削减负荷峰值，促使电价趋于稳定，直至接近社会效益最优的价格平衡点。

降低批发市场价格飙升影响：在电力供小于求时，可以通过削减用电量的方式实施需求侧响应，进而降低系统总需求量及电价，缓和电价上涨趋势。

（3）社会效益

需求侧响应对于整个社会能源资源能够起到促进节约和优化的作用。一方面，可以平稳变化的负荷，避免了发电厂机组频繁地开机、停机，能够减少燃料浪费，提高了机组利用效率，使化石能源消费量得到一定程度的控制。另一方面，需求侧响应让风力发电、太阳能发电等可再生能源的利用率大大提高，在风电和光伏出力的时候调用相当容量的负荷响应，保证风力资源和太阳能资源产生的电力全部得以消费，既提高了效率，又进一步减少了化石能源的消耗。

5.1.3　需求侧响应成本—效益分析

需求侧响应成本—效益分析用到的数据指标与说明以及温室气体 CO_2 的排放系数与燃料种类的关系分别如表 5-1、表 5-2 所示：

表 5-1　成本—效益分析相关指标

指标	说明及计算公式
供电用户总数 N（户）	实施需求侧响应地区的所有电力用户数量
用户参与率 γ（%）	与参与用户补贴、行政手段有关。我国需求侧响应尚未成熟，缺少经验数据，即使不考虑非经济因素影响，也难以确定单位节电补贴与用户参与率的关系。因此成本效益分析时给定多个用户参与率，从不同参与程度研究需求侧响应措施的成本效益
可避免容量 P_t（kW）	即可避免峰荷容量，是指由于节电在电网峰荷期可避免的发电容量，即电网高峰负荷时避免的系统装机容量。 $$P_t = \frac{\sum_{i=1}^{l} P_{it}\delta}{(1-\lambda)(1-\beta)(1-\alpha)}$$ 式中：P_{it} 为第 t 年第 i 个用户降低峰荷；δ 为用户同时系数；α 为电网配电损失系数；λ 为系统备用容量系数；β 为厂用电率；l 为用户总数
可避免电量 ΔE_c（kW·h）	指终端节电使供电侧避免的发电量。 $$\Delta E_c = \frac{\Delta E_o}{(1-l)(1-\beta)(1-\alpha)}$$ 式中：ΔE_c 为系统可避免电量；ΔE_o 为终端措施节约电量（通过估计每年减少用电的时间与可避免容量的乘积计算）；l 为终端配电损失系数；α 为电网配电损失系数；β 为厂用电率
管理费用 C_M	电力公司（如调度通信中心）为管理和组织需求侧响应活动而发生的各项费用
设备成本 C_f	包括控制设备、通信设备、控制中心硬件及软件系统的购置费用和建设安装费用的总和。 $$C_f = (C_1 + C_2 + C_3) \times N + C_4 \times M$$ 式中：C_1 为单个控制设备成本；C_2 为单个通信设备（接收器、传输器）成本；C_3 为设备安装成本；C_4 为控制中心建设成本，包括控制中心硬件和软件系统，建设安装工程费用；N 为用户总数；M 为地区控制中心单元总数

续表

指标	说明及计算公式
运行维护成本 C_{OM}	分为电量部分成本和容量部分成本。电量部分成本是对用户的节电补贴或激励（变动成本），根据电价补贴水平确定；容量部分成本是用于支付容量建设的费用（固定成本），根据容量电价确定。 $$C_{OM} = \Delta E_{ct} \times \alpha + P_t \times \beta \times 15\%$$ 式中：α 为电价补贴水平；β 为容量电价水平（据国外经验，取其 15% 为维护成本）
可免容量成本 C_p 和可免电量成本 $C_{\Delta E}$	可免容量成本属于固定成本，是指电力企业减少的机组或电网的投资费用，可以通过少建或者缓建的发电厂、变电站、输电线路的平均造价确定；可免电量成本属于变动成本，可以根据购电均价确定。 $$C_p = P_t \times \theta \qquad C_{\Delta E} = \Delta E \times \omega$$ 式中：θ 为可免容量成本的折算因子，通过每年减少的投资费用摊销到每年的可免容量中进行计算；ω 为可免电量成本的折算因子
减排效益 V_r	总减排效益是指 CO_2、SO_2、NO_x 等污染气体的减排量与减排价值乘积的和。通常根据 CO_2、SO_2、NO_x 减排量计算。 $$V_r = N_{CO_2} \times V_{CO_2} + N_{SO_2} \times V_{SO_2} + N_{NO_x} \times V_{NO_x}$$ $$= \Delta E_C \times \rho \times 160 + \Delta E_C \times 8.03 \times 20000 + \Delta E_C \times 6.9 \times 631.6$$ 式中：V_r 为每年总减排效益；N_{CO_2}，N_{SO_2}，N_{NO_x} 为 CO_2，SO_2，NO_x 减排量；V_{CO_2}，V_{SO_2}，V_{NO_x} 为 CO_2，SO_2，NO_x 的单位减排价值；ρ 为 CO_2 减排系数
降低备用容量效益 ΔR_C	指实施需求侧响应或由于系统可靠性得到提升而降低的系统备用需求。 $$\Delta R_c = \Delta E_C \times LOLP \times (VOLL - SMP)$$ 式中：LOLP 为电力系统失负荷概率，以"天/年"为单位；VOLL 为系统失负荷价值，即缺电对国民经济的影响，等价于电力价值，根据实际设定；SMP 为系统边际价格，可以视为购电均价

表 5-2 温室气体 CO_2 的排放系数与燃料种类的关系

燃料种类	CO_2 排放系数（t-CO_2/TJ）	燃料种类	CO_2 排放系数（t-CO_2/TJ）
固体燃料		液体燃料	
无烟煤	93.256	一般煤油	70.925

燃料种类	CO$_2$ 排放系数 （t–CO$_2$/TJ）	燃料种类	CO$_2$ 排放系数 （t–CO$_2$/TJ）
固体燃料		液体燃料	
烟煤	87.410	NGL	62.493
褐煤	97.005	LPG	62.430
炼焦煤	89.267	炼厂干气	66.059
型煤	110.981	石脑油	72.666
焦炭	100.164	沥青	79.125
其他焦化产品		润滑油	71.932
液体燃料		石油焦	98.907
原油	72.164	石化原料油	71.932
燃料油	76.239	其他油品	71.932
汽油	67.976	气体燃料	
柴油	72.692	天然气	55.662
喷气煤油	70.134		

注：1TJ= $1×10^{12}$ J，以电量表示 CO$_2$ 的排放系数的单位量为 3.6g/kW·h，如无烟煤的排放系数为 93.256×3.6=335.7g/kW·h。来源《中国温室气体清单研究》。

5.1.4　成本—效益分析实例

成本—效益分析主要通过计算某项目的投入成本与回报收益的比值来衡量项目是否经济可行。图 5-3 显示了电力运营机构在运行响应项目时的全部成本和全部收益。

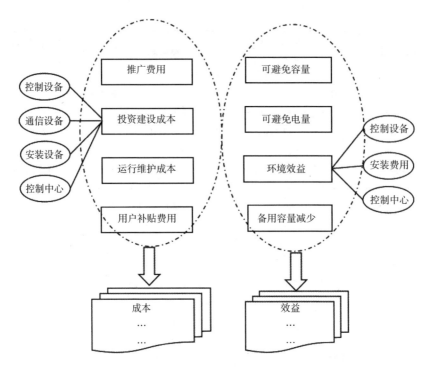

图 5-3　需求侧响应项目成本和效益

下面介绍需求侧响应项目的效益—成本分析过程，用以评估该地区是否具有实施该项目的经济可行性：

（1）电力运营机构在获得该地区参与项目用户总数和电量数据的基础上，通过统计分析评估当地的项目参与率、可避免负荷、可削减容量以及当地污染气体的排放量等基础指标数据。

（2）通过折算费率将可避免负荷和可削减容量换算成发电方的可消除成本，将治理气体污染后降低的排放量换算成可降低成本。另外，考虑供电紧张的概率，估算系统损耗，测算可减少的系统备用容量。基于以上方面计算项目的全部效益。

假设该地区项目执行年限为 t 年，设备利用年限为 n 年，令 $t=n$。TR 为项目运营的总收益，计算如下：

$$TR = n \times (C_P + C_{\Delta E} + V_r + \Delta R_c) + V_s \qquad （5.1）$$

需要说明的是，公式（5.1）是对项目效益的静态评估，即对资金的时间价值不予考虑。残值 V_s 根据税务局的相关规定取值 5%。如果考虑资金的时间价值，项目总收益的计算公式为：

$$TR = \sum_{t=1}^{n} (C_P + C_{\Delta E} + V_r + \Delta R_C)_t (1+i_0)^{-t} + V_s \quad (5.2)$$

式中：i_0 为基准折现率。

（3）依据图 5-3 列出的项目成本构成，同时考虑可避免负荷和可削减容量换算成发电方的可消除成本，计算项目运营的全部成本 TC。计算公式如下：

当不考虑资金时间价值（静态评估）时，计算公式为：

$$TC = n \times C_M + C_f + n \times C_{OM} \quad (5.3)$$

当计及资金时间价值（动态评估）时，基准折现率为 i_0，计算公式为：

$$TC = \sum_{t=1}^{n} C_M (1+i_0)^{-t} + C_f + \sum_{t=1}^{n} C_{OM} (1+i_0)^{-t} \quad (5.4)$$

（4）根据益本比（BCR）的计算结果，评价项目是否可行。BCR 大于 1，说明项目可行，反之不可行。而且，BCR 值越大，项目收益越高。

在不考虑资金时间价值（静态评估）时，益本比计算公式为：

$$BCR = \frac{TR}{TC} = \frac{n \times (C_P + C_{\Delta E} + V_r + \Delta R_c) + V_s}{n \times C_M + C_f + n \times C_{OM}} \quad (5.5)$$

当计及资金时间价值（动态评估）时，基准折现率为 i_0，益本比计算公式为：

$$BCR = \frac{TR}{TC} = \frac{\sum_{t=1}^{n} (C_P + C_{\Delta E} + V_r + \Delta R_C)_t (1+i_0)^{-t} + V_s}{\sum_{t=1}^{n} C_M (1+i_0)^{-t} + C_f + \sum_{t=1}^{n} C_{OM} (1+i_0)^{-t}} \quad t = 1, 2, 3, \cdots, n \quad (5.6)$$

下面以沈阳某地区实施分时电价项目为例，利用成本—效益分析方法，通过益本比的计算结果评估项目实施的可行性。

为了使计算简明扼要，假设条件如下：

①项目运营时间为 6 年；

②基准折现率为 8%；

③用户参与率均值为 30%，其中第一年为 10%，以后逐年递增 10%；

④根据统计系统信息库估算年均可避免容量;

⑤根据地区实际情况和工作经验值设定设备成本和管理成本,以可避免容量进行摊销;

⑥按照我国抽水蓄能电站单位造价10%折现率分20年计算可免容量成本;

⑦根据系统边际价格(电价)确定可免电量成本;

⑧假设该地区主要的电力用户为商业用户,可失负荷率为0.5天/年,失负荷价值为20.65元/kW·h;

⑨可避免电量根据可避免容量和参与项目的时间进行确定;

⑩固定资产残值统一确定为5%。

表5-3和表5-4分别详细列出了算例的基础数据和假设条件。

表5-3 成本—效益分析基础数据

项目	数值	单位
电力用户总数	19170	户
每年平均参与率(项目周期内)	30	%
每年参与用户数(项目周期内)	5751	户
可避免容量(历史数据、调研)	583333.3	kW
每年每户平均减少容量	100.9	kW
可避免电量	24500000	kW·h

表5-4 需求侧响应项目益本比计算(运行周期内动态评价)

计算项	假设条件	数值(元)
总成本		783134132.3
管理费用	80元/kW	215734384.333

续表

计算项	假设条件	数值（元）
控制设备	30000 元 / 户	172522500.000
接收器	2800 元 / 户	16102333.333
安装成本	750 元 / 户	4313125.000
控制中心	15 个单元，210000 元 / 单元	315000000.00
运行维护成本		
电量部分	激励补贴，0.4 元 /kW·h	45304220.708
容量部分	按容量电价 35 元 /kVA 的 15% 计算	14157568.975
总效益		2000529376
可避免成本	704 元 /kW	1898462581.667
可免电量成本	0.65 元 /kW	73619358.650
CO_2 减排成本	0.00033572t/kW·h,160 元 /t	6083842.183
NO_2	0.0000069t/kW·h,631.6 元 /t	493601.517
SO_2	0.00000803t/kW·h,20000 元 /t	18189644.617
降低旋转备用容量效益	LOLP=0.5 天 / 年，VOLL=24.371 元 /kW·h	3680347.325
	SMP=0.55 元 /kW·h	
设备残值	按原值的 5% 计算	18074047.358

续表

计算项	假设条件	数值（元）
益本比		2.28

根据公式（5.6），结合表 5-4 BCR 的计算结果，可以知道，该地区在实施分时电价项目时具有较高的益本比，说明项目的实施具有较高的经济效益。

5.2 基于效益最大化的需求侧响应模型

5.2.1 分时电价和紧急需求响应

（1）分时电价

为了避免负荷的高峰和低谷差异过大，通常会采取分时电价的政策手段，引导用户在高峰期减少用电，把用电行为调整到低谷期。否则，电网系统会因为过高的负荷水平而付出更多的建设成本，而发电厂会因为过低的负荷水平而长时间关停机，产生过多的损失。

"峰谷电价"是最常见的形式，一般定义平段为 11：00～19：00、低谷时段是 23：00～7：00，其他时段为峰段。无论是国外还是国内，峰谷电价都执行了较长时间，是比较成熟的负荷侧响应形式。发电厂、电网企业和用电客户都能降低各自的成本，从中获益。而联动调整的峰谷电价能够灵敏地反映资源成本，是能源行业必不可少的管理措施。

（2）紧急需求响应

紧急需求响应的实施方法是由电力系统运营商提前制订激励支付价格，当电网的安全性和稳定性受到威胁时，电力用户可以减少负荷的使用量，来应对这种威胁电网可靠性的紧急事件。但这种方式完全是以用户自愿参与为前提，对于主动削减负荷的用户才会给予激励报酬，而对系统运营商发出的削减通知或请求未作出任何响应者，也不会受到任何惩罚。这种类型的响应项目近年来在我国应用较多，如图 5-4 所示。

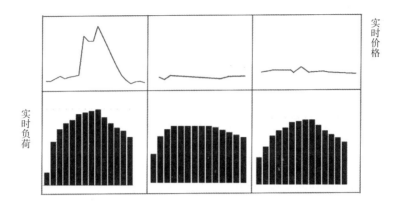

图 5-4　紧急需求响应下的负荷变化

5.2.2　需求侧响应负荷模型

我国电力系统现阶段常用的需求侧响应形式是分时电价和紧急需求响应。下面将通过响应模型的构建，分析电力用户的负荷调整方式及电价变动和激励支付对用户需求的影响。需求与电价变化关系如图 5-5 所示。

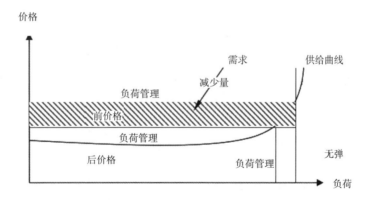

图 5-5　需求与电价的变化关系

（1）可避免负荷模型

可避免负荷模型与需求价格弹性的自弹性系数相关，是用户通过注重节制或改进管理而削减的用电需求。通常这种类型用电量较小，不能够引起用户足够的重视。但是当电价政策的刺激足够大时，用户就会采取措施，减少额外用电。比如商场的滚梯、公司的照明灯、居民家中的热水器。政策制定时主要关注用户基本需求和一般需求比例、对电价的敏感度（或者响应弹性）、电价分档和激励政策。模型的构建过程如下：

假设电力用户在t时刻的用电需求为$D(t)$，激励补偿支付为$I(t)$，电价为$P(t)$。当用户参与紧急需求项目后，用电需求的变化为：

$$\Delta D(t) = D_0(t) - D(t) \quad\quad (5.7)$$

式中：$D_0(t)$为初始电量需求，即未参与需求侧响应的用电需求。

用户在t时刻得到的总激励补偿TI为：

$$TI(\Delta D(t)) = I(t) \times \Delta D(t) \quad\quad (5.8)$$

则用户在t时刻的总收益B为：

$$B(t) = \underline{B}(D(t)) - D(t) \times P(t) + TI(\Delta D(t)) \quad\quad (5.9)$$

式中：$\underline{B}(t)$表示用户在t时刻没有获得补偿支付前用电需求为$D(t)$时的收益。

可知当$\dfrac{\partial B}{\partial D(t)} = 0$时，$B$取得最大值，即：

$$\frac{\partial B}{\partial D(t)} = \frac{\partial \underline{B}(D(t))}{\partial D(T)} - P(t) + \frac{\partial TI(\Delta D(t))}{\partial D(t)} = 0 \quad\quad (5.10)$$

$$\frac{\partial \underline{B}(D(t))}{\partial D(t)} = P(t) + I(t) \quad\quad (5.11)$$

收益函数通常表示为：

$$B(D(t)) = B_0(t) + P_0(i) \times \Delta D(t) \times \left[1 + \frac{\Delta D(t)}{2E(t) \times D_0(t)}\right] \quad\quad (5.12)$$

式中：$B_0(t)$表示当用户的初始需求为$D_0(t)$时的收益；$E(t)$为第t时刻的响应弹性系数；$P_0(t)$为初始电价。

根据公式（5.7）（5.11）和（5.12）可知：

$$P(t) + I(t) = P_0(t) \times \left[\frac{D(t) - D_0(t)}{E(t) \times D_0(t)} + 1\right] \quad\quad (5.13)$$

令 $\Delta P(t) = P(t) - P_0(t) + I(t)$，因此电力用户第 t 时刻的需求可以表示为：

$$D(t) = D_0(t) \times \left[\frac{E(t) \times \Delta P(t)}{P_0(t)} + 1 \right] \qquad (5.14)$$

从上式可以看出，若 $I(t) = 0$，则 $D(t) = D_0(t)$。说明当没有激励支付时，电价不变，$E(t)$ 为零。

（2）可转移负荷模型

可转移负荷与需求价格弹性的交叉弹性系数相关。可转移负荷往往随着整个行业的发展发生变化，用户的用电量越大对分时电价的敏感性越强，转移负荷时段是常见的控制成本手段。除了在用电的不同时段转移负荷外，还会采取其他能源形式代替用电负荷，比如用直购热水或燃气锅炉代替电加热锅炉等。政策制定时主要关注用电的基本需求、转移潜力、电价分档和激励政策。

电力用户在 t 时刻和 j 时段的交叉弹性系数表示如下：

$$E(t, j) = \frac{P_0(t)}{D_0(t)} \times \frac{\partial D(t)}{\partial P(t)} \qquad (5.15)$$

当 $t = j$ 时，$E(t, j) \leqslant 0$；当 $t \neq j$ 时，$E(t, j) \geqslant 0$。

公式（5.23）中，假设 $\dfrac{\partial D(t)}{\partial P(t)}$ 为常数，则在分时电价响应下的需求可以表示为：

$$D(t) = D_0(t) + \sum_{t=0}^{23} E(t, j) \times (P(j) - P_0(j)) \times \frac{D_0(t)}{P_0(j)} \qquad (5.16)$$

假设在第 j 时刻同时执行了紧急需求措施，就需要将该时刻的激励补偿 $I(j)$ 连同电价一起考虑，所以可得：

$$\Delta P(j) = P(j) - P_0(j) + I(j) \qquad (5.17)$$

公式中 $I(j)$ 在峰荷期大于零，其他时刻等于零。

综合考虑分时电价和激励补偿后，电力用户在 t 时刻的需求可以表示为：

$$D(t) = D_0(t) + \frac{D_0(t)}{P_0(j)} \times \sum_{t=0}^{23} E(t, j) \times \Delta P(j) \qquad (5.18)$$

（3）组合模型

结合公式（5.14）和（5.18），可以得出可避免负荷和可转移负荷的组合模型：

$$D(t) = \left[D_0(t) + \frac{D_0(t)}{P_0(j)} \times \sum_{t=0}^{23} E(t,j) \times \Delta P(j) \right] \times \left[\frac{E(t) \times \Delta P(i)}{P_0(i)} + 1 \right] \quad (5.19)$$

公式（5.19）指明了电力用户为了获得最大收益在一日内每个时刻的电量消费形式。

5.3　算例分析

5.3.1　基础数据

本书数据来源于 2017 年沈阳市 5 个大型商业用户的夏季典型日负荷数据，负荷曲线如图 5-6 所示。根据前文提出的模型，基于用户收益最大化原则，可以计算用户在每时刻的负荷需求。

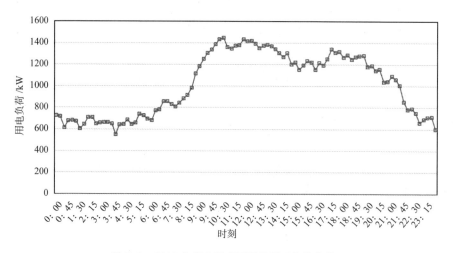

图 5-6　2017 年商业用户夏季典型日负荷曲线

在实施分时电价前，商业电价为 0.92 元 /kW·h。实施分时电价和紧急需求响应后，依据目前辽宁省对工业和商业现行峰谷电价机制，其中高峰时段为 7：30～11：30、17：30～21：00，低谷时段为 22：00～5：00。高峰电价和低谷电价分别在平价基础上上浮和下降 50%。并假设电力用户参与响应获得的补偿为

1.3 元 /kW·h。商业用户峰、平、谷三个时段的划分及电价如下：

高峰时段：7：30～11：30、17：30～21：00，共计 7.5h，电价 1.23 元 /kW·h；

低谷时段：21：00～7：00，共计 7h，电价 0.41 元 /kW·h；

平段：5：00～7：30、11：30～17：30、21：00～22：00，共计 9.5h，电价 0.82 元 /kW·h。

根据国外经验数据（Crossland，2013 年），用户需求价格弹性如表 5-5 所示。

表 5-5　用户需求价格弹性

时段	低谷	平段	高峰
低谷	-0.1	0.01	0.012
平段	0.01	-0.1	0.016
高峰	0.012	0.016	-0.1

5.3.2　分时电价对负荷曲线的影响

（1）实施分时电价后负荷的变化情况

通过图 5-7 可以看出，该地区的商业用户执行分时电价响应后，可避免负荷并没有发生明显变化。原因在于：这部分负荷相对稳定，负荷避免潜能不大；由于没有对节省电量进行补贴，用户减少电量使用的意愿不强烈；负荷的削峰填谷效果不显著。

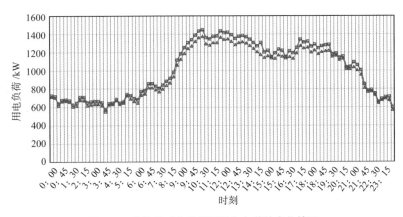

图 5-7　实施分时电价后可避免负荷的变化情况

通过图5-8可以看出，该地区的商业用户执行分时电价响应后，可转移负荷变化较明显，削峰填谷效果较好。原因在于：用户为了节省电费支出，将有转移潜力的负荷错峰使用，主动将负荷从峰荷时段转移到低谷时段。

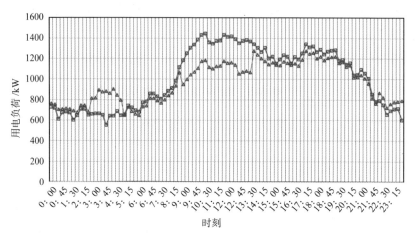

图5-8 实施分时电价后负荷曲线的综合变化情况

（2）需求弹性变化对负荷曲线的影响

负荷曲线的变化也受到价格弹性的影响，如果将弹性系数增加一半，负荷曲线变化如图5-9所示。

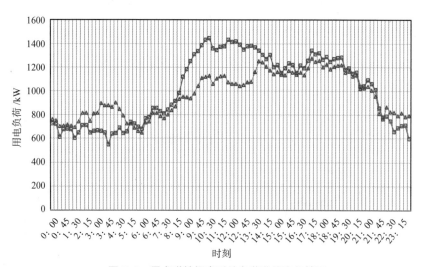

图5-9 需求弹性提高后的负荷曲线变化情况

由图5-9可知，削峰填谷效果更加显著。这说明在执行分时电价响应时，弹性系数越大，用户对价格的响应程度越高，削峰填谷效果越明显。

（3）分时电价时段调整对负荷曲线的影响

假设将分时电价的谷时段从 22：00～5：00 调整为 21：00～7：00，即将谷时段从原来的 7h 延长至 10h，分时价格不变。

由图 5-10 可知，当谷段延长了 3h 后，峰谷差有所减小。这说明谷段延长后，具有转移潜力的用户可转移负荷的时段范围更大，响应效果更加明显。

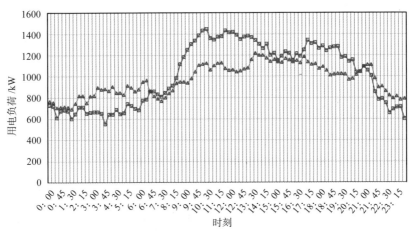

图 5-10　峰、平、谷时段调整后负荷曲线变化情况

5.3.3　分时电价和紧急需求响应对负荷曲线的影响

在上述的分析中，单一实施分时电价的需求侧响应，负荷削减效果不理想。因此需要引入激励手段，对节省的负荷使用给予经济补偿。假定激励补偿为 1.3 元 /kW·h，负荷曲线如图 5-11 所示。

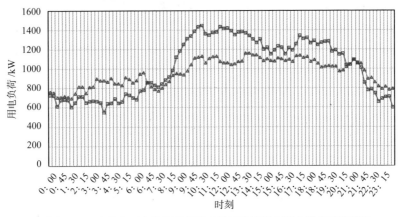

图 5-11　实施分时电价和紧急需求响应措施后负荷曲线的变化情况

当激励补偿减少时，比如减少 0.4 元 /kW·h，负荷曲线如图 5-12 所示。

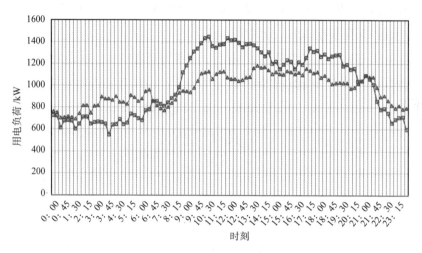

图 5-12 激励报酬降低后负荷曲线的变化情况

根据图 5-11 和图 5-12 的分析结果，不难理解，当激励报酬降低后，用户响应程度随之也会降低。另外，有些用户为了获取高额的补偿支付，难免会使用不正当的手段削减负荷，为了避免这种现象的发生，电力系统运营机构通常会对用户设定负荷使用下限，规定电力用户在正常用电情况下的最低用电量。假设在上述提高激励支付的基础上，设定负荷下限为最大负荷的 50%，负荷曲线变化如图 5-13 所示。

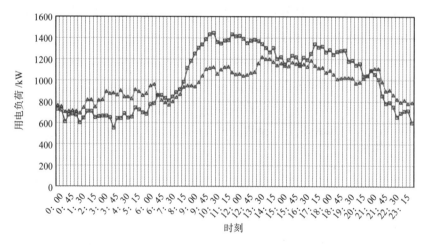

图 5-13 设定下限后负荷曲线的变化情况

5.4　本章小结

本章首先对需求侧响应过程中的成本与收益问题进行了分析，基于需求侧的效益最大化构建了可转移负荷响应模型与可削减负荷响应模型，并通过实例分析实施两项措施后电价和用电需求量的变化关系。在电力市场用电高峰时期引入需求侧响应，可以使消费者根据市场中的价格来调整自身的用电方式。由于需求侧响应可以在峰荷时段削减用电量，所以在市场中产生了一定程度的稳定效益。对需求侧响应短期效益分析可知，引入需求侧响应所产生的短期收益与其导致的价格上涨幅度的减少量甚至是否有所减少没有关系。从中长期来看，需求侧响应可以减少批发市场的电价波动频率，降低幅度，实现零售市场和批发市场之间的联动，对系统在整个供电周期中的可靠运行起到了积极作用。

第6章 系统效益最大化的供需双侧效益优化模型

通过第五章需求侧响应模型的建立，得出了需求侧为了获取自身效益的最大化而采取的每时段最佳用电方式。但电力系统在实际运行中，使整个系统达到效益最大化，并同时满足源荷两侧的发电效益及用电需求，是电力运营商的理想期望。由于电力系统的供应侧和需求侧具有不同的供、用电期望，另外，电力系统在运行过程中还受到功率不平衡惩罚、发电出力限制等约束，因此需要考虑多种资源、多种因素进行效益优化，以促使整个系统效益的最大化。本章节将以系统效益最大化为目的，对供需双侧效益优化问题展开研究。

6.1 效益优化问题的提出

电力系统在实际运行中，使整个系统达到效益最大化，并同时满足源荷两侧的发电效益及用电需求，是电力运营商的理想期望。但电力系统的供应侧和需求侧具有不同的供、用电期望。对于供应侧来说，收益主要来源于发电收入，成本主要是发电成本；对于需求侧来说，响应效益主要体现在可响应负荷及分布式能源的使用。不同的用户类型，具有不同的用电行为，因此具有不同的响应方式及响应程度，对系统效益产生不同的作用，那么如何使其发挥最理想的响应方式，为提高系统效益作出贡献，正是本章所要研究的效益优化问题。

另外，供需两侧的效益优化从经济学角度理解也具有实际意义。比如对于工业生产大用户来说，通过增加产量在一定条件下可以获得高额收入，但是随着产量的增加，也会增加一部分生产成本（比如生产成本、用电成本、库存成本等）。

因此，利润率和产量不是线性增长关系，所以在价格波动及政策激励下，需求侧
具有参与负荷响应的意愿。对于发电厂来说，利润率会随着负荷的增长不断增加，
但在保持一定发电和用电容量的前提下，发电机组的效率只有在适中区间才最好，
过低或过高的发电出力都会产生一定的燃料、资源等浪费。因此，电厂和用户的
利润率均会有不同的波动趋势，所以不同的响应负荷调整，双侧的效益优化对于
双方是有实际意义的，如图 6-1 所示。

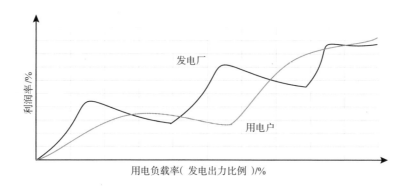

图 6-1　供需两侧利润率的波动趋势

6.2　供需双侧效益优化模型

供需双侧综合效益目标函数如下：

$$MAX.B = \sum_{t=1}^{24} \left(\sum_{i=1}^{m} (R_{i,t} - C_{i,t}) - \mu L_t - T_t + \sum_{j=1}^{n} (U_{j,t} + Z_{j,t}) \right) \quad （6.1）$$

式中：$R_{i,t}, C_{i,t}$ 分别为第 i 个火力发电机组在 t 时刻的收入和成本；L_t 为发电功率
失衡量；μ 为惩罚系数；T_t 为 t 时刻的电能传输成本；$U_{j,t}$ 表示第 j 个需求侧响应参
与用户在 t 时刻的用电效益；$Z_{j,t}$ 为第 j 个用户在 t 时刻的补贴收益，源于电力运营
商对参与响应用户的激励补偿支付。$Z_{j,t}$ 一部分会成为系统内部转移成本，但由
于补贴额度的不同，会对需求侧的响应程度产生影响，因此也会影响系统的综合
效益。

（1）供电侧效益

第i个发电机组在t时刻的发电收入$R_{i,t}$可以表示为：

$$R_{i,t} = g_{i,t} \times p_t \qquad (6.2)$$

式中：$g_{i,t}$为机组i在t时刻的销售电量；p_t表示在t时刻的出清价。

第i个发电机组在t时刻的发电成本$C_{i,t}$可以表示为如下一元二次函数：

$$C_{i,t}(P_{i,t}) = \alpha \times (P_{i,t})^2 + \beta \times P_{i,t} + \gamma \qquad (6.3)$$

式中：$P_{i,t}$表示机组i在t时刻的发电出力；α, β, γ为发电成本系数。

电能传输成本T_t可以根据实际变电站情况，按照传输功率的不同进行分段设置。参见算例分析的参数设置部分。

（2）需求侧效益

第j个电力用户的用电效益$U_{j,t}$可以表示为：

$$U_{j,t} = -\frac{\rho_j}{2} q_{j,t}^2 + \psi_j q_{j,t} - p_t q_{j,t} \qquad (6.4)$$

式中：ρ_j, ψ_j为电力用户j的效益特征系数；$q_{j,t}$为当前时段的用电量；p_t为当前时刻电价。

由于补贴收益$Z_{j,t}$一部分成为系统内部转移成本，另一部分转换为影响用户响应程度的间接效益。这里将根据李丹在2015年提出的分级补偿机制（类似于累积税制）参与目标函数的优化过程。应用此机制的原因在于：在电网的调度中，用电需求侧资源可以等同于供应侧资源，即作为调度时的正负旋转备用。如果需求侧可调度的负荷响应资源越多，就会获得相应较大的补贴额度。并且随着响应负荷总量的提升，补贴额度也会增加。因此可以提高用户参与响应项目的意愿。

（3）约束条件

①机组出力变化约束：

$$P_{i,\text{down}} \leqslant P_{i,t+1} - P_{i,t} \leqslant P_{i,up} \qquad P_{i,t+1} \neq 0 \qquad (6.5)$$

式中：$P_{i,t}, P_{i,t+1}$分别为当前时刻和下一时刻的机组i的发电出力；$P_{i,\text{down}}, P_{i,up}$分

别为机组 i 的下坡和爬坡限值。

②机组出力值约束：

$$\begin{cases} P_{i,t} \geqslant 0 \\ P_{i,t,\min} \leqslant P_{i,t} \leqslant P_{i,t,\max} \end{cases} \tag{6.6}$$

式中：$P_{i,t,\min}$，$P_{i,t,\max}$ 分别为机组在 t 时段的最低和最高机组出力。

③功率平衡约束：功率平衡约束受到机组出力总量和总负荷量的牵制，处在不断的波动中。在计算过程中需要根据功率失衡量随机生成功率补偿值。

6.3　模型求解

上述目标函数为 7 类资源 24 维度的单目标优化问题。由于寻优空间较为复杂，且为 24 维解向量，因此选用在机组调度和能量调度中常用的粒子群算法，对目标函数进行求解。选取时间间隔为 1h，粒子以供电侧和需求侧的综合效益最大化为目标更新速度与位置，在更新过程中，同时检查粒子有无违反约束条件的情况并及时进行调整。求解实现要点如下：

（1）在算法中有两类粒子，分别代表供电侧参数和需求侧参数。

（2）供电侧粒子维度为 $\{X_p\}$，其中 X_p 为 24 维向量，表示机组每时刻出力；需求侧粒子维度为 $\{Y_{i,d}, Y_{i,s}\}$，$Y_{i,d}$，$Y_{i,s}$ 均为 24 维向量，其中 $Y_{i,d}$ 为第 i 个需求侧用户的负荷响应调整量，$Y_{i,s}$ 为第 i 个用户的激励支付浮动量。

（3）以目标函数作为适应度函数；粒子数为 100；粒子维数为 24；学习因子为 2；迭代次数为 200。

（4）采用搜索空间限制法处理机组出力变化约束及机组出力值约束，加快收敛速度；由于平衡约束具有波动性，不能简单以搜索空间限制法进行处理，一般常用惩罚函数进行处理，但在多次求解过程中，系统失衡量较大，优化效果不理想。究其原因，主要是因为该优化问题涉及较多资源，粒子维度较大，因此算法在寻找最小值的过程中会受到许多因素的影响，随机性较强。另外在求解过程中，惩罚系数调整困难，过大或过小都会影响寻优效果和收敛速度。因此，求解过程中在充分考虑优化函数特点及实际意义的前提下，对失衡量进行微元分割，按照优化原则将其分配到供应侧和需求侧的粒子中，即微调当前的出力值和响应负荷量。采用这种方式处理不平衡约束，不但可以减小粒子不满足约束条件的概率，而且可以将失衡量及时调整到适应度更好的粒子中，结果表明，可以有效降低系统的功率失衡量，显著提高寻优效果。具体调整过程如图6-2所示。

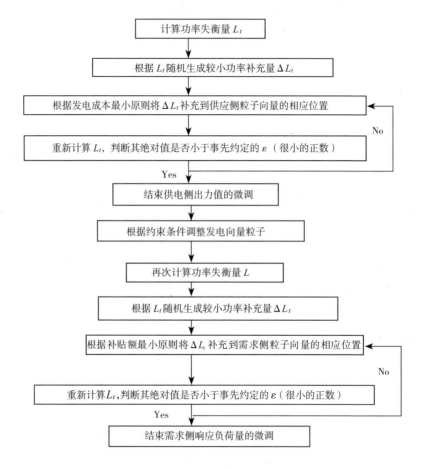

图 6-2 功率失衡约束处理过程

（5）根据下述两个公式更新粒子速度与位置。

粒子 i 的第 d 维速度更新公式：

$$v_{id}^k = \omega v_{id}^{k-1} + c_1 r_1 (\text{pbest}_{id}^{k-1} - x_{id}^{k-1}) + c_2 r_2 (\text{gbest}_{id}^{k-1} - x_{id}^{k-1}) \qquad (6.7)$$

粒子 i 的第 d 维位置更新公式：

$$x_{id}^{k} = x_{id}^{k-1} + v_{id}^{k-1} \qquad (6.8)$$

式中：v_{id}^{k} 表示第 k 次迭代中第 i 个粒子速度的第 d 维分量；x_{id}^{k} 表示第 k 次迭代中第 i 个粒子位置的第 d 维分量；c_1, c_2 为加速度常数，取值均为 2；r_1, r_2 为 [0, 1] 之间的随机数，用来增加搜索的随机性；ω 为惯性权重，用于调节对解空间的搜索范围，这里取 2.5。pbest_{id}^{k-1} 和 gbest_{id}^{k-1} 分别表示个体历史最优值和全局历史最优值。

6.4　算例分析

6.4.1　模型参数设置

（1）供应侧参数

火力机组参数如表 6-1 所示。

表 6-1　火力机组参数

机组 i	成本系数 α（元 /kW）	成本系数 β（元 /kW）	成本系数 γ（元 /kW）	$P_{i,\text{down}}$（kW）	$P_{i,\text{up}}$（kW）	$P_{i,t,\text{min}}$（kW/h）	$P_{i,t,\text{max}}$（kW/h）
1	0.00056	17，98	1100	70	70	50	270
2	0.00042	18.45	1000	70	70	50	270
3	0.00487	19.11	550	50	50	30	240
4	0.00321	23.01	650	50	50	30	190
5	0.00354	18.75	730	50	50	35	220
6	0.00458	27.89	540	70	70	40	260
7	0.00195	28.67	470	60	60	20	180
8	0.00542	20.25	650	60	60	30	200

机组 i	成本系数 α （元/kW）	成本系数 β （元/kW）	成本系数 γ （元/kW）	$P_{i,\text{down}}$ （kW）	$P_{i,\text{up}}$ （kW）	$P_{i,t,\text{min}}$ （kW/h）	$P_{i,t,\text{max}}$ （kW/h）
9	0.00481	29.83	680	70	70	20	160
10	0.00274	30.56	720	70	70	10	85

沈阳市和平区某一变电站能传输成本参考如表 6-2 所示。

表 6-2　沈阳市和平区某一变电站电能传输成本参数

传输功率（×10⁴kW）	传输成本（元/kW·h）
0~2	0.1
2~4	0.16
4~6	0.21

（2）需求侧参数

需求侧补偿等级额度设置如表 6-3 所示。

表 6-3　需求侧补偿等级额度

补偿等级	补偿额（元/kW）	所需响应负荷（kW）
I	2.5	0~20
II	3.5	20~40
III	4.5	40~80
IV	5.5	80~120
V	7	120~160
VI	9	160~230

补偿等级	补偿额（元 /kW）	所需响应负荷（kW）
Ⅶ	12	230 以上

在仿真过程中，选取五个典型电力用户参与到响应中，其效益参数 ρ_j, ψ_j 以经验值表征，向量表示如下：

$$U_{j,(\rho,\psi)} = \begin{bmatrix} 0.05 & 85 \\ 0.035 & 95 \\ 0.025 & 68 \\ 0.015 & 109 \\ 0.06 & 74 \end{bmatrix} \quad (j = 1, 2, 3, 4, 5)$$

由图 6-3 可知，用户 1 为产品生产数量大、生产时间长的企业，为了完成任务，不得不让用电负荷始终维持在较高水平；用户 2 的用电量也比较大，因为电费占生产成本的比例很高，所以要尽可能利用低谷时段的优惠电价政策；用户 3 为办公楼写字间，只在白天使用较少电量；用户 4 为典型的用电大户，大型服务综合体通常是这类用户代表，用电在白天较为集中；用户 5 为小型工商业用户，如表 6-4 所示，是分时电价的不同时段。

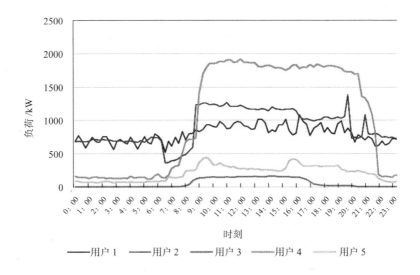

图 6-3　五个典型电力用户参与效益优化前的负荷曲线

表 6-4　分时电价

名称	高峰时段	低谷时段	平段
时段	7：30～11：30、17：30～21：00	21：00～7：00	5：00～7：30、11：30～17：30、21：00～22：00
电价	1.23 元 /kW·h	0.41 元 /kW·h	0.82 元 /kW·h

6.4.2　结果分析

从图 6-4 可以看出，参与响应优化后，供应侧和需求侧效益与未进行需求响应相比均明显提升，功率不平衡惩罚明显降低。说明用户参与响应优化后，在用电高峰期转移用电，有效弥补了系统功率短缺；而在用电低谷期提高用电量，增加了自身用电效益。进一步可以看出，虽然根据第 5 章提出的以用户自身效益最大化为目标建立的响应方式相比，用户总效益降低，但系统总效益及供电侧效益均有所提升，这和实际情况是相符的。说明本文模型建立合理，功率失衡约束处理方法较得当。

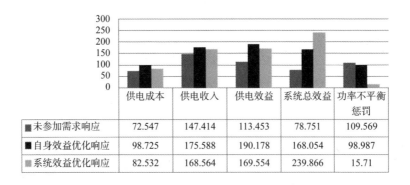

图 6-4　效益对比（单位：万元）

如图 6-5 所示，执行效益优化后，用户 2 和用户 4 的负荷峰值段削平效果明显，说明用户较好地执行了转移或存储电量的用电方案，减少了电费支出，同时减轻了电网供电压力。其他用户也会随着优化过程发生一些变化，但由于响应潜力不大，峰谷差变化相对较小，所以获得收益相对较低。

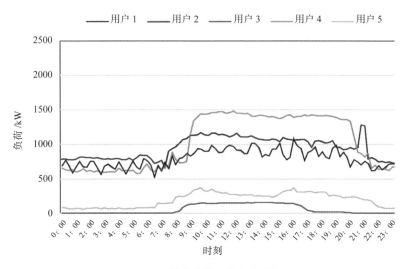

图 6-5　效益优化后的负荷曲线

6.4.3　需求侧效益参数变化对系统效益的影响

用户效益变化量如下，其中 m 为效益变化的 m 种情形，n 为参与用户数。

$$U_{m \times n} = \begin{bmatrix} 56,59,53,58,57 \\ 46,49,43,48,47 \\ 36,39,33,38,37 \\ 66,69,63,68,67 \\ 76,79,73,78,77 \\ 59,59,59,79,59 \\ 59,59,59,58,59 \\ 56,56,56,56,57 \\ 56,56,56,56,28 \end{bmatrix} \quad (m=1,2,\cdots,9 \quad n=1,2,3,4,5)$$

现在把情形一作为参照情形，即将五个电力用户的用电效益分别设置为 56，59，53，58，57。情形二和情形三的用电效益分别在情形一的基础上各减少 10。情形四和情形五的用电效益在情形一的基础上各增加 10，以此来考察用电效益的增加及减少对系统综合效益的影响。情形六和情形七是在其他电力用户用电效益不变的情形下，改变电力用户 4（商业大用户）的用电效益，以此考察大用户的效益变化对系统效益的影响。情形八和情形九是在其他电力用户用电效益不变的情形下，改变电力用户 5（小用户）的用电效益，以此考察小用户的效益变化对系统效益的影响，如图 6-6 所示。

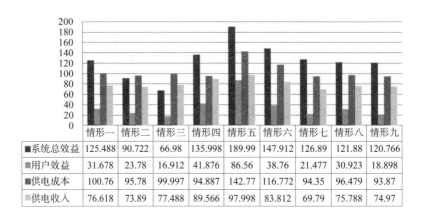

	情形一	情形二	情形三	情形四	情形五	情形六	情形七	情形八	情形九
■系统总效益	125.488	90.722	66.98	135.998	189.99	147.912	126.89	121.88	120.766
■用户效益	31.678	23.78	16.912	41.876	86.56	38.76	21.477	30.923	18.898
■供电成本	100.76	95.78	99.997	94.887	142.77	116.772	94.35	96.479	93.87
供电收入	76.618	73.89	77.488	89.566	97.998	83.812	69.79	75.788	74.97

图 6-6　用电效益变化对系统效益影响（单位：万元）

从图 6-6 可以看出，情形一的系统总效益为 125.488 万元，用户效益为 31.678 万元，供电收入为 76.618 万元。情形二和情形三的系统效益分别为 90.722 万元和 66.98 万元，用户效益分别为 23.78 万元和 16.912 万元，供电收入分别为 73.89 万元和 77.488 万元。可以得出，当用户效益降低时，供应侧的系统效益也会随之降低。但供电收入却没有明显变化，说明在本模型的效益优化中，为了保证系统效益最大化，在需求侧用电效益降低的情况下，通过负荷响应，使用户的用电量处于平稳状态。

在情形四和情形五用电效益增加的情况下，系统效益的变化趋势和上述情形一致，即系统效益也随之增加。与上述情形不一致的是，供电收入随着用电收益的增加也明显提升，说明本效益优化模型的重点在于调整需求侧响应负荷，以此提高需求侧用电效率，使需求侧响应项目达到预期目标。

通过情形六和情形七对比看出，当大用户用电效益从 79 降低到 58 时，系统效益从 147.912 万元下降到 126.89 万元，供电收入从 83.812 万元降低到 69.79 万元，可以得出，电力大用户的用电效益变化对系统效益和供电收入具有较大的影响作用。反之，在情形八和情形九中，小用户用电效益从 57 降低到 28 时，系统效益和发电收入变化不大。可以得出，电力小用户的用电效益变化对系统效益和供电收入影响作用很小。

通过以上情形对比分析得出，模型优化结果与系统实际运行情况相吻合，这就进一步证实了双侧效益优化模型的合理性与有效性。

6.4.4　补贴额度变化对系统效益的影响

补贴额度变化如下所示，其中 m 为补贴等级数，n 为变化情形数。

$$Z_{m \times n} = \begin{bmatrix} 2 & 5 & 10 & 15 & 20 & 25 \\ 3 & 7 & 12 & 17 & 22 & 27 \\ 5 & 9 & 14 & 19 & 24 & 29 \\ 8 & 12 & 17 & 22 & 27 & 32 \\ 14 & 18 & 23 & 30 & 33 & 38 \\ 18 & 25 & 30 & 38 & 40 & 50 \\ 25 & 38 & 40 & 49 & 53 & 60 \end{bmatrix} \quad (m = 1, 2, \cdots, 7 \quad n = 1, 2, \cdots, 6)$$

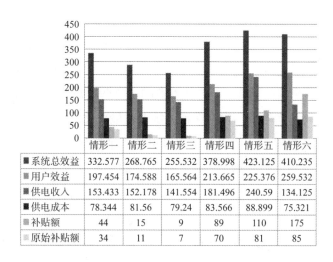

	情形一	情形二	情形三	情形四	情形五	情形六
■ 系统总效益	332.577	268.765	255.532	378.998	423.125	410.235
■ 用户效益	197.454	174.588	165.564	213.665	225.376	259.532
■ 供电收入	153.433	152.178	141.554	181.496	240.59	134.125
■ 供电成本	78.344	81.56	79.24	83.566	88.899	75.321
■ 补贴额	44	15	9	89	110	175
■ 原始补贴额	34	11	7	70	81	85

图 6-7　补贴额度变化对系统综合效益的影响（万元）

图 6-7 以情形一为参照对象，用以对比补贴额度变化对系统效益的影响。可以看出，当补贴额降低后（情形二和情形三），系统效益和用户效益也随之降低。说明补贴额降低后，电力用户参与负荷响应积极性大大减弱，需求侧响应程度不高，对系统效益提升没有作出明显贡献。而当补贴额逐渐升高后（情形四、情形五、情形六），系统效益和用户效益开始随着补贴额度的升高而增加（情形四和情形五），但当补贴额度升高到一定程度后（情形六），系统总效益反而降低，原因在于，需求侧还是关注自身用电效益，所以补偿额度过高反而会造成供电侧补

偿浪费。另外，在系统的实际运行中，过高的补贴额，难免会有某些电力用户通过非正常手段降低负荷，从补贴中套利。所以，应该把补偿额度设置在一个合适的区间内。

6.5　本章小结

本章是对第五章研究内容的进一步深化，通过源荷两侧效益优化使电力系统的综合效益达到最大，在充分论证供应侧效益、需求侧效益以及系统运行约束的前提下，构建了双侧效益优化模型。根据模型特点及实际意义采用改进的粒子群算法对模型求解。改进算法在处理具有波动性的系统失衡约束时，按照优化原则对失衡量进行微元分割，将其分配到供应侧和需求侧的粒子中，微调当前的出力值和响应负荷量。结果表明，以这种方式处理系统失衡约束可以达到较好的运算效果，不但有效降低了功率失衡量，而且提高了收敛速度。算例分析得出：利用本章提出的效益优化模型，在满足用电需求和系统运行目标的前提下，明显提高了系统效益；当用户效益降低时，系统效益随之降低，但供电收入没有明显变化，说明在本模型的效益优化中，为了保证系统效益最大化，在需求侧用电效益降低的情况下，通过负荷响应，使用户的用电量处于平稳状态。当用户效益升高时，系统效益和供电收入也随之增加，说明本模型的重点在于调整需求侧响应负荷，以此提高需求侧用电效率，使需求侧响应项目达到预期目标；大用户用电效益变化会对系统效益产生较大影响，小用户反之。因此补贴额度应设置在合理区间内，这样做不但可以减少补贴浪费，也可以在一定程度上避免通过恶意减少用电量而利用补贴额进行套利的不良行为发生。

第7章　系统效益最大化的两阶段协调优化调度

考虑供电公司利益，利用成本分析构建的负荷调度已不能满足电力体制改革下的电力系统运营要求。当前电力市场环境不断开放，竞争机制不断引入，因此基于利润分析，同时考虑电力用户利益和供电公司效益前提下的负荷调度才是当前电力市场发展趋势下的最佳选择。另外，价格型需求响应项目与激励型需求响应项目虽然具有不同的特征，但在某些情形下可以进行互补，两者关系紧密，不能分开对待。因此，本章在综合考虑电力用户利益与网络运营商企业利润的前提下，根据两种需求侧响应形式的关系，进行需求侧响应项目参与者的关系构建与需求响应项目的协调优化调度研究。

7.1　问题定义

智能电网是实现需求侧响应项目的基础设施。在智能电网中调度策略的利益相关者如图 7-1 所示。主要包括需求侧响应提供商（DRPs）、需求侧响应智能体（DRA）和配电网运营商（DNO）。

图 7-1　两阶段需求侧响应的利益相关者

各个利益相关者的主要职责如下：

（1）配电网运营商（DNO）

配电网运营商的主要职责是保证电网安全可靠运行，它与需求侧响应提供商进行单向信息传递，与需求侧响应智能体进行双向信息传递。

（2）需求侧响应提供商（DRPs）

为了使需求响应项目在电力市场中发挥有效的作用，往往对参与响应项目的电力用户设定技术门槛。而对于数量巨大的住宅用户和中小型用户在响应容量、响应时效以及响应弹性上都难以达到技术要求。因此，市场运营商无法对这部分数量巨大、分布分散、可控性较差的电力用户实施负荷调度。那么为了促进这部分用户也能够有效地参与到项目中，使需求侧资源的技术效益和经济效益得到有效发挥，国外首先引入了需求响应供应商（DRP）的概念，在有些文献中，也将其称为负荷代理服务提供商或负荷聚集服务提供商。他的主要任务是对容量较小的负荷资源进行整合，以有效地参与到需求响应项目中。其功能具体表现在以下两个方面：

①DRP为中小型电力用户及居民用户提供响应项目参与入口，对需求响应资源进行有效整合。

②DRP本身可以参与到电力市场的竞争中，以中小型电力用户和居民用户代理提供商的身份在电力市场的运营中参与竞价，同时为电力市场中的电力购买方提供整合的需求响应资源，充当供应方和购买方的代理。

电力市场交易中分为电力供应方和电力购买方。供应方主要为具有调节负荷能力的电力用户，比如储能装置、可以进行负荷调节的分布式电源、单独可控负荷装置等；购买方主要指市场的交易中心。DRP不仅为参与电力交易的终端用户提供了市场入口，而且有利于交易中心对需求侧响应资源的优化调度，降低了电力系统的交易和管理成本。

DRP为终端用户提供的服务为：对离散的调度难度大的需求侧响应资源进行整合；综合分析电力用户的用电行为及需求弹性，挖掘具有响应潜力的用户，并与其签订相关合同，掌控对该部分电力用户负荷调度及相关设备用电的决策权；依据合同规定，通过技术措施，对参与项目的用户进行可控设备的协调调度，用以得到可控的需求侧响应资源。并在结算当天，对用户的响应效果进行评价，按照合同的相关规定对电力用户进行支付补偿或惩罚。

DRP 为交易中心提供的服务为：为电力交易中心提供可调可控负荷或辅助服务。这时 DRP 直接参与到电力市场交易中，可以作为特殊的发电商直接在能量市场和辅助市场中参与竞价。

DRP 对交易中心进行调度时，可以等同于一个虚拟发电厂，具有与传统发电商同样的调度指令，可以根据当前市场环境提高或降低出力；DRP 对终端电力用户进行调度时，主要是将负荷控制策略传输给其管辖的用户终端，通过调度指令的传送，对用户设备进行直接控制，或者用户根据指令自愿调整设备使用状态。每一个 DRP 控制若干类负荷特性不同的需求响应设备，由于即使是在同一时期，不同地域间也具有不同的负荷响应特性，因此 DRP 也按照地域划分联盟，推选协调者（DRPF）参与互动决策。

（3）需求侧响应智能体（DRA）

需求响应智能体的主要任务是接收项目参与者的互动决策转移电量、响应特性以及响应成本信息，汇总信息并进行决策分析。一旦 DRA 收到不同 DRP 的负荷计划，需要在考虑客户行为、系统运行约束、前几个小时的响应负荷、当前时段的响应负荷以及即将发生的响应负荷的情况下进行决策分析，以此确定最优调度计划。

7.2　需求侧响应用户的参与形式

随着电力体制改革的不断深入，需求侧响应技术的不断发展，电力需求者不再是传统电力市场下的电力接受者，而是作为需求侧响应资源的供应者参与到了电力市场竞争中。这部分需求侧用户，具备一定的协调调控负荷能力，可以根据市场环境主动改变用电行为，调整用电习惯，在不同时段进行负荷削减或转移负荷。基于需求侧响应项目的实施机制，电力用户参与需求响应项目可以有以下两种方式：

（1）大型用户直接参与

由于大型用户，无论是工业用户还是商业用户，其响应能力和响应容量均具备参与响应项目的技术要求，因此，可以结合自身的负荷特性直接进入市场，参与项目。

（2）中小型用户通过 DRP 参与

对于数量巨大的住宅用户和中小型用户在响应容量、响应时效以及响应弹性上都难以达到技术要求，市场运营商无法对这部分数量巨大、分布分散、可控性较差的电力用户实施负荷调度。因此，需要 DRP 对这部分容量较小的负荷资源进行整合，使其有效地参与到需求响应项目中来。

需求侧响应电力用户在电网中的调度受到各种不同参与者、实体目标、约束条件的影响。例如，DRP 的主要目标是通过需求侧响应策略最大限度地提高经济效益和同时满足负荷利用率约束；DNO 的目标包括受到各种约束限制的电网的运行以及设计不同的需求侧响应服务计划，供 DRP 选择和参与。在两阶段的需求侧响应策略中，同时考虑了基于价格以及激励政策的两种需求侧响应方式，DRP 以实时价格、激励政策为基础，参与 DRA 的协调调度。本章节以下部分所涉及的电力用户均为居民用户，他们作为业务实体以社区选择聚合设施的方式参与到需求侧响应服务中。当然若为电力大用户或者商业用户参与的方式更为直接，以下的方法同样适用。

7.3　两阶段协调优化调度模型

7.3.1　DRP 调度模型

DRP 利用 DNO 公布的实时电价信息调度负荷，目的是最大限度地减少一天总电费支出。实时电价结构的数学模型如下：

$$\varphi_h = \begin{cases} \varphi_{\text{off}}, & if \quad h \in H_{\text{off}} \\ \varphi_{\text{mid}}, & if \quad h \in H_{\text{mid}} \\ \varphi_{\text{on}}, & if \quad h \in H_{\text{on}} \end{cases} \quad (7.1)$$

式中：φ_h 表示第 h 小时的电价；φ_{off}，φ_{mid}，φ_{on} 分别代表低谷时段、平时段、高峰时段的电价。考虑到上述电价结构，DRP 以当天能量总需求 Q 作为约束条件建立每小时的负荷响应计划，因此，DRP 的线性优化目标为

$$\text{Min.} \left\{ \sum_{h=1}^{H} \sum_{q=1}^{Q} \phi_h \times (P_{q,\text{fix}}^{h'} \pm P_q^{h'}) \times \Delta h \right\} \quad (7.2)$$

每个 DRP 的调度目标都要满足每个时段的负荷需求，约束条件如下：

$$\sum_{h=1}^{H}(P_{\text{fix}}^{h'}+P_q^{h'})\times\Delta h=\eta_q^{\text{tol}}\quad\forall q\in Q$$

（7.3）

$$P_{q,\text{fix}}^{h'}-P_q^{h,\max}<P_{q,\text{fix}}^{h'}\pm P_q^{h'}<P_{q,\text{fix}}^{h'}+P_q^{h,\max}\quad\forall q\in Q$$

式中：η_q^{tol} 是某时段电力需求为 q 时的平均日总负荷需求；$P_{q,\text{fix}}^{h}$ 代表没有进行需求侧响应的负荷需求，即为第 h 小时的固定电力需求；$P_q^{h,\max}$ 为最大可调度负荷，即：

$$P_q^{h,\max}=\lambda_q\times\sum\tau_q^{h}\quad\forall q\in Q,h\in H$$

（7.4）

式中：λ_q 是在总响应负荷 τ_q^{h} 下的响应负荷渗透率（%）。因此，线性优化问题的求解就是求长度为 H 的向量 P_q' 中每时段响应负荷的值，即：

$$P_q'=[p_q^{1'},p_q^{2'},...,p_q^{H'}]\quad\forall q\in Q$$

（7.5）

因此，在公式（7.2）的线性优化求解后，DRP 在电量需求为 q 时的负荷需求 D_q' 可以转换为如下方式：

$$D_q'=F_q'+P_q'=\left[(P_{q,\text{fix}}^{1'}+P_q^{1'}),(P_{q,\text{fix}}^{2'}+P_q^{2'}),\cdots,(P_{q,\text{fix}}^{h'}+P_q^{h'}),\cdots,(P_{q,\text{fix}}^{H'}+P_q^{H'})\right]\quad\forall q\in Q$$

（7.6）

在满足总负荷需求 Q 及进行需求侧响应后的负荷需求可以表示为 D''，D'' 是一个 $Q\times H$ 矩阵，如下所示：

$$\boldsymbol{D''}=\begin{bmatrix}(P_{1,\text{fix}}^{1'}+P_1^{1'})\cdots(P_{1,\text{fix}}^{H'}+P_1^{H'})\\ \cdots\cdots\cdots\cdots\cdots\cdots\cdots\cdots\cdots\cdots\\ (P_{Q,\text{fix}}^{1'}+P_Q^{1'})\cdots(P_{Q,\text{fix}}^{H'}+P_Q^{H'})\end{bmatrix}$$

（7.7）

7.3.2　DRA 调度模型

响应负荷和负荷总需求由 DRP 及时通知 DRA。因此，每个 DRP 公开 D_q' 和 P_q'，即一天期望的负荷模式。一旦 DRA 收到不同 DRP 的负荷计划时，需要从中确定最优需求计划$(D_q, P_q, D^")$，并考虑客户行为和系统运行约束。另外，DRA 在决定最优调度计划时要同时考虑前几个小时的响应负荷(H_q^{pre})、当前时段的响应负荷(H_q^{cyr})以及即将发生的响应负荷(H_q^{lat})。因此，DRA 的负荷响应调度描述如下：

$$\begin{cases} e_q^h = e_q^{h,\max} & \forall q \in H_q^{\text{cur}} \\ e_q^h = e_q^{h,\max} - e_q^{h,sh} & \forall q \in H_q^{\text{pre}} \\ e_q^h = e_q^{h,\max} & \forall q \in H_q^{\text{lat}} \end{cases} \qquad (7.8)$$

式中：e_q^h是h时段的第q个 DRP 的剩余容量；$e_q^{h,\max}$是第q个 DRP 一天中可调度的最大容量；$e_q^{h,sh}$对应于第h时段的第q个 DRP 响应负荷的计划容量。从公式（7.8）的第一个式子可以看出，第q个 DRP 当前时段(H_q^{cur})的可调度能量被假设为最大可用可调度负荷。另外，H_q^{pre}对应前一时间段的可调度负荷，H_q^{lat}表示即将发生的调度负荷变化。从公式（7.8）的第二个式子可以看出，响应负荷提前h小时被更新。由于所有可调度响应负荷是无法准确传达给 DRA 的，因此被假设为即将发生的最大可调度响应负荷，如公式（7.8）的第三个式子。

（1）负荷因子的改进

由于基于价格的 DRP 调度可能在非高峰期间产生强劲或微弱的峰值反弹，而中间时段电价却有可能很低，所以 DRP 在反弹期可以减轻整个电力系统的边际成本。负荷优化的主要目标就是使响应负荷曲线平坦化，改进的负荷因子表示如下：

$$\text{s.t.} \sum_{h=1}^{H} D_h^" = H \times D_{\text{avg}}^"$$

$$\sum_h (P_q^{h"} + P_{q,\text{fix}}^{h"}) \times \Delta h = \eta_q^{\text{tol}} \qquad \forall q \in Q, h \in H \qquad (7.9)$$

式中：$D_h^"$是第h时间段的总需求；$D_{\text{avg}}^"$是平均每天的负荷调度范围，可以表示为：

$$D_{\text{avg}}^" = \frac{1}{|H|} \sum_{h=1}^{H} D_h^" = \frac{1}{|H|} \sum_{h=1}^{H} \sum_{q=1}^{Q} F_q^" + P_q^" \qquad (7.10)$$

其中$F_q^{"}(P_q^{1^{'}},P_q^{2^{'}},\cdots,P_q^{h^{'}},\cdots,P_q^{H^{'}})$，$P_q^{"}(P_{q,\text{fix}}^{1^{'}},P_{q,\text{fix}}^{2^{'}},\cdots,P_{q,\text{fix}}^{h^{'}},\cdots,P_{q,\text{fix}}^{H^{'}})$是以负荷曲线平坦化为目标的固定负荷和响应负荷的向量表示。

（2）DRA 的调度成本

DRA 最终的负荷调度计划是要同时考虑 DRP、DNO 的优化目标以及系统总效益最大化，DRA 考虑 DRP、DNO 优化目标的调度过程如图 7-2 所示。

DRA 的调度结果不一定满足所有电力用户的意愿，因此，任何无法满足用户意愿的需求侧响应计划必须依靠激励政策进行补偿，以满足电力用户意愿。由于用户偏离自身用电计划以及整个电力系统效益优化的作用因素存在差异，因此DRP 制定不同的激励标准，进行分组匹配。用户自身用电计划与响应负荷计划的偏差可以表示如下：

$$\Delta D_q = \sum_h \left| P_q^{'} - P_q^{"} \right| \times \Delta h \quad \forall q \in Q \tag{7.11}$$

由于$D_q^{'} = P_{q,\text{fix}}^h + P_q^h$，$D_q^{"} = P_{q,\text{fix}}^{h^{'}} + P_q^{h^{'}}$，$P_{q,\text{fix}}^h$，$P_{q,\text{fix}}^{h^{'}}$为固定需求部分，因此$\Delta D_q$也可以表示为下面形式：

$$\Delta D_q = \sum_h \left| D_q^{'} - D_q^{"} \right| \times \Delta h \quad \forall q \in Q \tag{7.12}$$

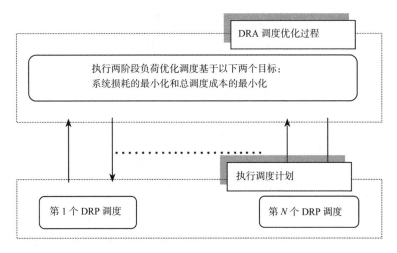

图 7-2　DRA 调度过程

（3）激励补偿策略

策略Ⅰ：该策略针对的电力用户具有这样的特点：他们在满足自己用电计划的同时追求利益无风险且尽量减少个人总电费支出。因此，根据这一策略参与需求响应项目的电力用户要求在第二阶段进行响应负荷的最优调度。由于DRA不会改变他们自身的用电计划，因此可以通过附加高价值的激励手段来弥补偏差。激励支付表示如下：

$$\Gamma_q^{\mathrm{I}} = \sum_{h=1}^{H} \Delta D_q \times \Gamma_{\mathrm{I}} \quad \forall q \in Q_{\mathrm{I}} \qquad （7.13）$$

式中：Q_{I}表示在策略Ⅰ下注册的DRP集合；$\Gamma_{\mathrm{I}}, \Gamma_q^{\mathrm{I}}$分别表示每单位电量的激励补偿价格及第$q$个DRP在调度期间的总激励支出。

策略Ⅱ：该策略针对的电力用户具有这样的特点：他们愿意在增加系统效益方面作出贡献，并且可以承受一定的利益损失风险。因此，DRA对这类电力用户的补偿低于策略Ⅰ的注册用户。在策略Ⅱ中，将一天内的响应总负荷通过个性化用电调度以每小时为单位进行微元分配。激励支付表示如下：

$$\Gamma_q^{\mathrm{II}} = \sum_{h=1}^{H} \Delta D_q \times \Gamma_{\mathrm{I}} \quad \forall q \in Q_{\mathrm{II}} \qquad （7.14）$$

式中：Q_{I}表示在策略Ⅱ下注册的DRP集合；$\Gamma_{\mathrm{II}}, \Gamma_q^{\mathrm{I}}$分别表示每单位电量的激励补偿价格及第$q$个DRP在调度期间的总激励支出。

策略Ⅲ：该策略针对的电力用户具有这样的特点：这类电力用户将经济利益优先考虑。因此，这一部分用户的主要目的是获得更高的激励支付以补偿价格波动带来的电费支出变化。根据策略Ⅲ，总体激励支付可以表述如下：

$$\Gamma_q^{\mathrm{III}} = \sum_{h=1}^{H} \Delta D_q \times \Gamma_{\mathrm{III}} \quad \forall q \in Q_{\mathrm{III}} \qquad （7.15）$$

式中：Q_{III}表示在策略Ⅲ下注册的DRP集合；$\Gamma_{\mathrm{III}}, \Gamma_q^{\mathrm{III}}$分别表示每单位电量的激励补充价格及第$q$个DRP在调度期间的总激励支出。

从以上公式可以观察到，在响应负荷的最优调度阶段，$\Gamma_{\mathrm{I}} > \Gamma_{\mathrm{III}} > \Gamma_{\mathrm{II}}$由于$\Gamma_{\mathrm{I}}$的值较高，DRP可以考虑重新安排调度策略，以避免出现DRA响应负荷计划偏差的情况。因此，DRA 在综合考虑负荷平衡以及 DRA 成本最小化后可以重新安排总体策略。总体策略用加权法表示如下：

$$F_{\mathrm{obj}}.\min.\left\{k_1 \times \sum_q \sum_{h=1}^{H}(D_h^{''} - D_{\mathrm{avg}}^{''})^2\right\} + \left\{k_2 \times (\sum_q \Gamma_q^{\mathrm{I}} + \Gamma_q^{\mathrm{I}} + \Gamma_q^{\mathrm{III}})\right\} \quad \forall q \in Q$$

（7.16）

权重 k_1, k_2 可以根据系统调度目标的重要性灵活设定，$k_1 + k_2 = 1$。

7.4　模型求解

本小节对上述提出的两阶段调度模型（DRP 调度模型和 DRA 调度模型）采用灰狼优化算法进行求解。灰狼优化（Grey Wolf Optimizer，简称 GWO）算法具有对初始解取值不敏感、优化效率较高和全局寻优性能好等特点，是一种高效的群体智能优化算法。根据目标函数特点及实际物理意义，灰狼优化算法较为适用。

该算法的搜索过程及狼迭代位置通过以下一组方程进行引导。

$$D = \left| C \cdot X_p(K) - X(K) \right| \quad X(k+1) = X_p(K) - AD \qquad （7.17）$$

式中：D 代表猎物与狼之间的距离，在迭代处于 K 时，X_p 表示狼处于的最佳

位置，$X(K+1)$ 表示下一次迭代狼的最佳捕猎位置，C 向量和 A 向量表示如下：

$$0 \leqslant a \leqslant 2 \qquad A = 2a \cdot (r_1 - a)$$

（7.18）

$$C = 2 \cdot r_1$$

式中：a 是每次迭代的常数，a 的取值数量即迭代次数；r_1, r_2 为均匀分布的随机数。狼的位置更新方程如下：

$$X(K+1) = \frac{X_1 + X_2 + X_3}{3} \qquad \begin{aligned} X_1 &= X_\alpha - A_1 \cdot (D_\alpha) \\ X_2 &= X_\beta - A_2 \cdot (D_\beta) \\ X_3 &= X_\gamma - A_3 \cdot (D_\gamma) \end{aligned} \qquad （7.19）$$

式中：X_α 表示狼自身的位置；X_β 表示优于自身位置的位置；X_γ 表示分级位置，在每次迭代中，D_α，D_β 和 D_γ 是当前位置的距离向量，定义如下：

$$D_\alpha = \left| C_3 \cdot X_\alpha - X \right|$$
$$D_\beta = \left| C_2 \cdot X_\beta - X \right|$$
$$D_\gamma = \left| C_1 \cdot X_\gamma - X \right| \tag{7.20}$$

DRP 调度模型和 DRA 调度模型的求解过程如图 7-3 所示。

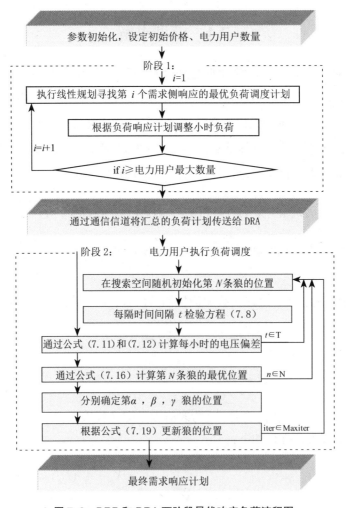

图 7-3 DRP 和 DRA 两阶段最优响应负荷流程图

7.5　算例分析

以下基于 IEEE 34 总线配电系统，根据上述模型，对在没有执行响应负荷调度、执行 DRP 调度（优化调度阶段 1）以及执行 DRA 调度（优化调度阶段 2）的情况下进行系统效益对比分析。这里取 DRP 的响应水平为 30%。表 7-1 列出了在每种情形下采取不同激励补偿策略的 DRP 响应负荷比例。

表 7-1　DRPs 在不同策略下的响应负荷调度比例

情形	激励补偿策略 I （0.6 美元 /kW·h）	激励补偿策略 II （0.2 美元 /kW·h）	激励补偿策略 III （0.4 美元 /kW·h）
情形一	0.33	0.33	0.33
情形二	0.2	0.5	0.3
情形三	0.5	0.2	0.3

算例中考虑系统总负荷为 11198kW，系统基本负荷和实时电价如表 7-2 所示（英格兰—威尔士电力库）。计算得出，在没有执行响应负荷调度的情况下，用户一天总电费支出为 13195.27 美元。负荷因子和系统损耗分别为 0.5619 和 3287.378 kW（占当日总负荷的 29.32%），系统电压的标准偏差为 9.85%。

表 7-2　系统基础负荷与实时电价

时段	负荷 （kW）	实时电价 （美元 /kW·h）	时段	负荷 （kW）	实时电价 （美元 /kW·h）
1	324.9	0.75	13	541.5	1.35
2	216.6	0.75	14	613.7	1.35
3	180.5	0.75	15	685.9	1.35
4	144.4	0.75	16	722	1.35
5	144.4	0.75	17	758.1	1.35

时段	负荷 （kW）	实时电价 （美元/kW·h）	时段	负荷 （kW）	实时电价 （美元/kW·h）
6	144.4	0.75	18	801.42	1.35
7	180.5	0.75	19	830.3	1.35
8	252.7	0.9	20	772.54	1.35
9	288.8	0.9	21	722	1.35
10	361	0.9	22	613.7	0.9
11	433.2	1.35	23	541.5	0.9
12	490.96	1.35	24	433.2	0.9

执行 DRP 第一阶段调度后，计算得出，支付总电费为 11179.59 美元，有效地达到了第一阶段的调度优化目标，即减少了一天的总电费支出。因此，客户在没有减少负荷的情况下，一天赚到的总收益就是 2015.68 美元。另外，系统负荷因子有所提高，由调度前的 0.5619 增加到 0.5797，系统损耗由调度前的 3287.378kW 降低到 2950.632kW（占当日总负荷的 26.38%）。系统电压的平均标准误差从调度前的 9.85% 降至 7.57%。分析得出，与没有响应负荷调度相比，DRP 第一阶段调度可以产生一定经济效益。从峰谷到高峰的负荷转移会引起负荷因子的较小增幅，具有一定的削峰填谷效果。

在调度的第二阶段，DRP 的调度计划由 DRA 进行优化调整，DRA 通过改善负荷因子、利用激励补偿策略进一步减少系统损耗，提高系统效益。在调度的第二阶段，将权重 k_1、k_2 设置为 0.7 和 0.3，根据激励补偿策略分配不同的负荷响应比例，比例分配如表 7-2 所示。其中，第一种情形是 DRP 在三种激励补偿策略下平均分配可响应负荷；第二种情形 DRP 分配较高的负荷响应比例给某一策略，另外，DRP 可以通过改变策略的优先级排序，来改善系统运行状况，如提高负荷因子、降低系统损耗；第三种情形是 DRP 将最高比例按优先排序原则分配给在调度阶段 1 中不希望改变负荷计划的注册用户。可以看出，在第二种情形中，当通过响应调度与激励政策提高系统效益时，第二种情形被认为是情形三的默认选择。

　　计算得出，在情形三中，DRP 总电费支出为 11816.53 美元，比情形二高636.95 美元，比情形一低 1378.73 美元；负荷因子为 0.924，比情形一和情形二分别高 0.362 和 0.344；系统损耗为 2396.372kW，比情形一和情形二分别降低了 25.29% 和 16.64%；电压标准偏差为 0.796%，比情形一和情形二分别降低了81.9% 和 69.49%。尽管情形三的电费支出相对较高，但相对于电费支出较低的情形二来说，负荷因子、系统损耗和电压偏差均有所改善。图 7-4 分别显示了三种情形下的每小时负荷和每小时电费支出，这三种情形下的负荷差异 [图 7-4（a）]与电费支出差异相比更显著 [图 7-4（b）]，这主要是因为峰值负荷的累积效应以及峰值电价。综合来说，情形三是最理想的调度方案。三种情形的调度负荷曲线和电费支出如图 7-5 所示。从图中可以看出，情形三的负荷曲线是与系统平均负荷最为接近的模式。原因在于：情形三选择了最高比例的可调度响应负荷，避免了不均衡负荷的出现。

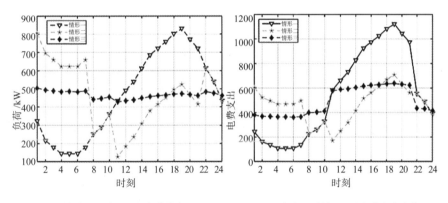

（a）三种情形下的负荷差异　　　　　　　　　　（b）三种情形下的电费支出差异

图 7-4　三种情形下的负荷差异及电费支出差异

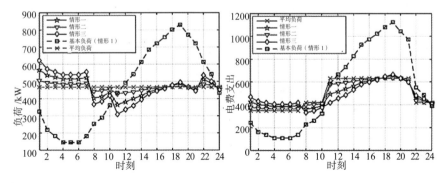

图 7-5　DRP 分别在三种情形下的负荷调度和电费支出

表 7-3 给出了三种情形下的负荷因子，系统损耗，从阶段一到阶段二的功率变化、激励支付、最终电力成本和电压标准偏差（％）各项指标值。在情形二中通过激励政策和响应负荷进行灵活调度，系统的总效益明显提高。情形三在避免不均衡负荷出现的同时，保证了系统的最高效益。从表 7-3 可以看出，情形一的电费支出是最高的，情形二的电费支出是最低的，情形三具有最小的系统偏差、激励支付以及较少的电费支付，是最理想的调度情况。

表 7-3　三种情形下的系统指标（粗体表示最佳值）

情形	激励策略 I	激励策略 II	激励策略 III	负荷因子	系统损耗（kW）	电压偏差（%）	电费支出（美元）	功率变化（kW）	激励支付（美元）	最终成本（美元）
情形一	0.33	0.33	0.33	0.562	3002.414	1.448	13195.3	1218.8	531.64	11151.5
情形二	0.2	0.5	0.3	0.58	2410.714	1.349	11179.6	1542.5	617.03	11199.5
情形三	0.5	0.2	0.3	0.924	2396.372	0.796	11816.5	937.10	480.92	11085

现通过权重的不同设置分析其对效益的影响。权重设置采取三种策略：在策略 I 中将权重 k_1，k_2 设置为 0.7 和 0.3；在策略 II 中设置为 $k_1=0.5$，$k_2=0.5$；为了有利于 DRP 激励，在策略 III 中，设置 $k_1=0.3$，$k_2=0.7$。图 7-6 分别给出了三种策略下的负荷曲线和电费支出。可以看出，策略 I 的负荷曲线较为平滑，策略 III 峰谷差最大，策略 II 出现了差异性价格曲线。表 7-4 列出了三种策略下反映系统性能的各项经济指标和技术指标，即总电费支出、激励支付、系统损耗及阶段一到阶段二的功率变化。可以看出，策略 I 对应最好的技术性能，策略 III 具有最低的电力成本（无论有无激励）。

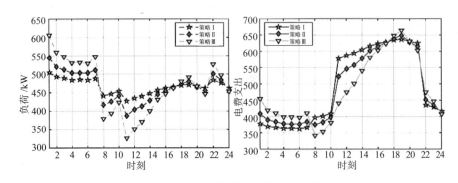

图 7-6　不同策略下的负荷曲线和电费支出

表 7-4　不同策略下的系统性能

策略	k_1	k_2	负荷因子	系统损耗（kW）	电压偏差（%）	电费支出（美元）	功率变化（KW）	激励支付（美元）	最终成本（美元）
1	0.7	0.3	0.924234	2396.372	0.795993	11816.54	1542	617.03	11199.5
2	0.5	0.5	0.856451	2413.644	1.62035	11731.66	1336	534.4	11197.21
3	0.3	0.7	0.770776	2483.834	3.063654	11603.94	1024	409.97	11193.96

在不同的负荷响应水平下，三种情形下的负荷曲线如图 7-7 所示。情形三的负荷曲线随着响应水平的提高而逐渐平滑。情形二的负荷曲线在响应水平为 20%时，达到了较好形态，但随着响应水平提升，峰谷差逐渐拉大，这主要是因为负荷响应倾向于根据实时价格调整，从而在非高峰价格时段产生了高峰反弹。

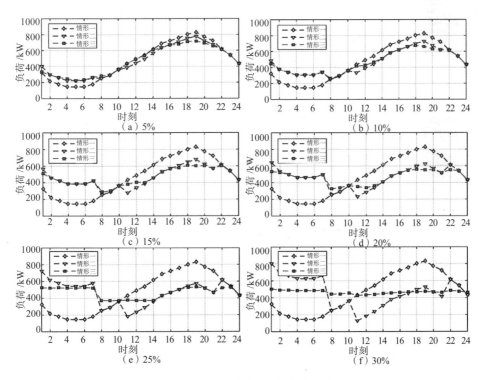

图 7-7　不同响应水平的负荷曲线

不同的响应程度可以通过一天 24h 的系统损耗、电压标准偏差和电费支出进行考查。

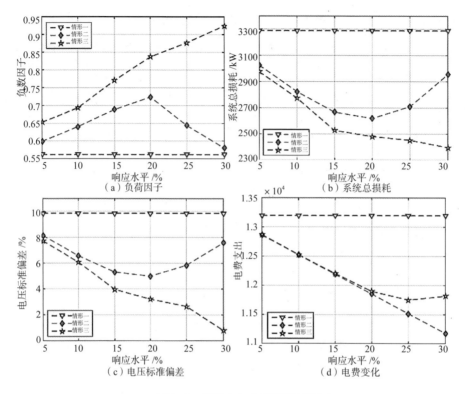

图7-8 负荷响应对各项指标的影响

从图7-8（a）可以看出，情形一没有考虑响应负荷，因此响应程度为0。系统负荷因子随响应程度的提升而增加。而对于情形二，负荷因子随响应水平的提升而增加，但当响应水平达到20%以后，随着响应水平的提升而逐渐开始减小，与上文得出了同样的结果。进一步证实了高峰反弹现象。

系统损耗和电压标准偏差反映了相同负荷模式下负荷响应程度的变化。从图7-8（b）图7-8（c）可以看出，情形二和情形三在初始状态下负荷响应程度较低，随着负荷响应程度的不断提升，电压误差和系统损耗也逐渐降低。另一方面，在响应水平较高的情况下，情形三随着响应程度的提升，系统损耗和电压标准偏差持续下降。而在情形二中，当响应程度增加到20%～30%时，系统损耗和电压标准偏差随负荷响应程度的提升而增加，主要由于实时价格响应下的负荷高峰反弹增加了系统压力，从而增加了系统损耗和电压偏差。

从图7-8（d）可以看出，情形二的电费变化与响应程度成反比，而情形三的电费变化与响应程度的反比关系在经历了较高的响应程度后逐渐减弱。

7.6　本章小结

本章通过两阶段协调优化调度实现了需求侧响应下的系统综合效益最大化，解决了源荷两侧的供用电优化问题。第一阶段为 DRP 优先响应调度，这一阶段主要用以减少电费支出；第二阶段为 DRA 调度，目的在于提高系统运行性能，如降低系统损耗、减少电压标准偏差、提高负荷因子，使负荷曲线变得平滑。同时 DRP 根据用户特点制定不同激励补偿策略，使用户积极参与需求侧响应，为达到系统效益的最大化作出贡献。

第 8 章　总结与展望

本章对本书的研究结论进行了全面的总结，并详细指出了研究的创新之处。同时，我们也对研究中存在的问题和不足进行了深入剖析，并对未来的研究方向进行了展望。

8.1　研究结论

本书依据国内实行需求侧响应的发展背景及研究现状，在考虑电力市场供需匹配以及源荷两侧综合效益最大化的前提下研究需求侧响应问题。在分析电力用户响应潜力的基础上进行多目标优化筛选，深入分析需求侧资源对用电负荷的影响，构建计及需求侧响应的负荷预测模型。以综合效益最大化为目标，构建双侧协调优化模型，结合价格响应和激励响应之间的关系制定合理的需求侧响应策略，不但满足了用电需求，而且使电力系统综合效益达到了最优化。本研究的主要结论如下：

（1）通过本书检测算法对 200 个电力用户在 2016 年 9 月至 10 月的 96 点日负荷数据进行检测，在检测过程中，当把检测目标分割为 10 个簇，首次聚类数设置为 5，规整特征点数设置为 50 时，得到了理想的检测结果。使用 Kohoenn 网对 09-14 至 09-18 期间的用电数据进行修正，观测首末负荷曲线均方差变化。结果表明，该算法明显地检测及修正了电力负荷曲线中的用电特征数据，经处理后的曲线拥有其他曲线所拥有的特征属性。将经过检测的特征量作为聚类对象，根据用户不同的用电行为将 200 个电力用户分为四类，结合聚类类别、用电量大小、价格敏感度、需求侧报价以及负荷波动几个方面，筛选出 B、C 两类具有响应潜力的电力用户。

（2）分别选用 GNN–BKP 模型、ANN–BKP 模型以及本书提出的 GNN–W–GA 模型对沈阳市某一变电站中所供电的全部用户进行负荷预测，在应用 GNN–W–GA 模型进行预测过程中，以二阶 Daubechies 小波为母小波，通过离散小波变换和它的逆变换的多分辨率分解把负荷序列分解为 4 个小波分量，采用自适应遗传算法对模糊规则进行训练。仿真结果表明，GNN–BKP 模型、ANN–BKP 模型虽然在训练和测试过程中取得了较好的效果，但预测精度也有提升空间。而本书提出的 GNN–W–GA 模型适应性较高，预测结果更为精确。在以上预测基础上，结合计及需求侧响应的预测模型，考虑各类型用户的能效类资源下的平均降耗率和负荷类资源下的平均负荷率对原始预测负荷的影响，进一步对该变电站的全部用户进行负荷预测，结果表明，通过计算引入需求侧资源后的节点效果，可以进一步提高预测精度。

（3）利用提出的计及需求侧资源的负荷预测方法，以负荷预测竞赛的日负荷数据为基础进行实时电价响应下的负荷预测。在预测过程中选取了 14 个历史相似日用于求解弹性矩阵，并作为训练样本。结果表明，本书算法可以较好应用于实时电价响应下的负荷预测问题。同时发现解空间大小、历史相似日与预测日的相关度高低、相似日的选取数目对预测精度具有较大的影响，最终得出解空间边界取 0.5、历史相似日与预测日具有较高相关度、相似日为 24 天时，预测误差相对较小。

（4）应用可避免负荷模型和可转移负荷模型，根据 2017 年沈阳市 5 个大型商业用户的夏季典型日负荷数据，计算得出用户每时刻的负荷需求及电量消费方式，分析了电价和用电需求量的变化关系。研究得出在电力市场用电高峰时期引入需求侧响应，可以使消费者根据市场中的价格信号来调整自身的用电方式。由于需求侧响应可以在峰荷时段削减用电量，所以在市场中产生了一定程度的稳定效益。对需求侧响应短期效益分析可知，引入需求侧响应所产生的短期收益与其导致的价格上涨幅度的减少量甚至是否有所减少没有关系。从中长期来看，需求侧响应可以减少批发市场的电价波动频率和幅度，实现零售市场和批发市场之间的联动，对系统在整个供电周期中的可靠运行起到了积极作用。

（5）通过双侧效益优化模型促进电力系统综合效益的最大化，根据模型特点及实际意义采用改进粒子群算法对模型求解。改进算法在处理具有波动性的系统失衡约束时，按照优化原则对失衡量进行微元分割，将其分配到供应侧和需求侧的粒子中，微调当前的出力值和响应负荷量。结果表明，以这种方式处理系统失衡约束可以达到较好的运算效果，不但有效降低了功率失衡量，而且提高了收敛速度。算例分析得出：利用效益优化模型，在满足用电需求和系统运行目标的前提下，明显提高了系统效益；当用户效益降低时，系统效益随之降低，但供电收入没有明显变化，说明在本模型的效益优化中，为了保证系统效益最大化，在需求侧用电效益降低的情况下，通过负荷响应，使用户的用电量处于平稳状态。当用户效益升高时，系统效益和供电收入也随之增加，说明本模型的重点在于调整需求侧响应负荷，以此提高需求侧用电效率，使需求侧响应项目达到预期目标；大用户用电效益变化会对系统效益产生较大影响，小用户反之；补贴额度应设置在合理区间内，不但可以减少补贴浪费，也可以在一定程度上避免通过恶意减少用电量而利用补贴额进行套利的不良行为发生。

（6）通过两阶段协调优化调度实现了需求侧响应下的系统综合效益最大化，解决了源荷两侧的供用电优化问题。第一阶段为 DRP 优先响应调度，这一阶段主要用以减少电费支出；第二阶段为 DRA 调度，目的在于提高系统运行性能。算例分析得出以下结论：执行第一阶段调度后电费支出相比没有进行响应调度的情况明显降低，有效地达到了优化目标，具有一定的经济效益和削峰填谷作用；在调度第二阶段，DRA 根据不同激励补偿策略分配不同比例的 DRP 响应负荷，通过改善负荷因子、利用激励补偿进一步减少系统损耗、降低电压标准偏差。当 DRP 将最高响应比例按优先排序原则分配给在调度阶段一中不希望改变负荷计划的注册用户时（情形三），系统效益最高；当设置权重 $k_1 = 0.5, k_2 = 0.5$ 时，系统运行指标最优，当设置权重 $k_1 = 0.3, k_2 = 0.7$ 时，电力成本最低；在不同的负荷响应水平下，情形三的负荷曲线随着响应水平的提高而逐渐平滑。情形二（DRP 分配较高的负荷响应比例给某一激励补偿策略）的负荷曲线在响应水平为 20%～30% 时，达到了较好形态，但随着响应水平的提升，峰谷差逐渐拉大，同样，系统损耗、电压标准偏差、电费支出也遵循相同的规律，究其原因在于：基于实时价格的 DRP 调度可能在非高峰期间产生强劲或微弱的峰值反弹，峰值反弹增加了系统压力，从而增加了系统损耗和电压偏差。

8.2　本书创新点

（1）提出了一种电力数据检测方法。通过引入信息熵原则使获取的数据参数具有较好的性能，解决了因传统 CURE 算法决策收缩因子 α 及聚类参数的选择不当所引起的不确定性问题，而且随着数据点增加时，计算时间低于 CURE 算法。使用 Kohoenn 网对特征量进行修正，有效地获取了输入差错数据的原本特点，令检测数据完整表现出源数据簇的特点属性和规整矩阵状态。该方法为筛选需求侧响应的项目潜力用户奠定了有效的数据基础。

（2）提出了一种"细分负荷响应资源，叠加传统负荷预测"的预测方法。在预测性能较高的 GNN−W−GA 模型基础上，充分考虑能效类资源、负荷类资源对负荷形态的影响以及区域内电力用户响应潜力，按照各自影响机制和先后顺序对负荷形态影响作用进行量化，将原始负荷部分和响应负荷部分进行叠加，进一步提高预测精度，而且该方法可以有效地应用于实时电价响应下的负荷预测问题。仿真发现，高相关性的相似日、与解向量维数相等的非线性相似日天数均能进一步提高负荷预测精度。以上为需求侧逐渐参与到电网运营中的电力负荷预测提供了新思路。

（3）提出了双侧效益优化模型和两阶段协调优化调度策略，分别采用改进粒子群算法和灰狼算法寻优计算。通过改进粒子群算法在处理具有波动性系统失衡约束时，有效降低了功率失衡量，提高了收敛速度。双侧效益优化模型充分考虑了当用户效益降低时，系统应如何调整负荷响应使电量处于平稳状态以及补贴额度如何设置以减少补贴浪费并在一定程度上杜绝补贴套利行为发生的两大问题。两阶段协调优化调度充分考虑两种响应机制的特征及互补关系，通过分配负荷响应比例、调整参数以提高系统效益。仿真发现，基于实时价格的 DRP 调度可能在非高峰期间产生强劲或微弱峰值反弹，峰值反弹会增加系统压力，从而增加系统损耗和电压偏差这一现象。以上为需求侧响应协调优化这一研究领域开拓了新视角。

8.3 下一步研究展望

本书以需求侧响应项目在国内的执行情况为背景，对需求侧响应项目的技术应用问题展开了研究。在研究的过程中取得了一些有意义的研究成果，但对于有些问题还需要更为深入的研究，主要体现在以下几点：

（1）需求侧响应机制必将深刻影响我国电力交易市场的内容和方式，本书的算例研究主要在国内现行的分时电价环境中完成，可以为分时电价提供有效技术支撑。但我国电力市场终将走向实时电价响应市场，因此，下一步将在获得大量实时电价响应下的基础数据前提下，对文中模型开展更深入的算例研究。

（2）本书提出的实时电价响应下的负荷预测模型，在对弹性矩阵进行求解时，仅考虑了线性方程组的求解问题，若弹性系数的求解方程组为非线性，且不能转化为线性方程组，则需要进一步探究。另外受到客观条件的限制，可以采集的电力用户响应数据较少，且响应用户类型不同。因此，在算例分析中所用到的响应后负荷数据样本是根据具有相似负荷规律和负荷特性的用户原始负荷数据拟合得到的 24 点日负荷数据，在某种程度上会影响预测精度及负荷曲线形态的平滑性。

（3）本书的协调优化调度模拟结果总结得出了在解决 DRP 和 DNO 优先权 / 利益之间互斥关系的最佳方案。未来的研究方向可能包括其他分布式能源如电动汽车以及协调在相同负荷响应方式下客户行为和负荷服务实体 / 负荷调度代理的关系问题。此外，除了改善负荷因子还要提高 DNO 运行的其他性能指标以及在配电网中对不同类型负荷进行优化调度的问题。

参考文献

[1] 谈竹奎 . 电力实时需求响应 [M]. 北京：中国电力出版社，2021.

[2] 刘浩，韩晶 .MATLAB R2014a 完全自学一本通 [M]. 北京：电子工业出版社，2015.

[3] 刘宏志 . 数据、模型与决策 [M]. 北京：机械工业出版社，2019.

[4] 孙秋野 . 电力系统分析 [M]. 北京：机械工业出版社，2022.

[5] 陈光宇 . 多目标优化的电力系统经济调度 [M]. 北京：中国电力出版社，2022.

[6] 李炳要，戴斌 . 电量异常数据分析与实例 [M]. 北京：中国电力出版社，2015.

[7] 李维波 . "十三五" 普通高等教育本科规划教材 MATLAB 在电气工程中的应用实例 [M].2 版 . 北京：中国电力出版社，2016.

[8] 蒋惠凤 . 中长期电力负荷预测技术与应用 [M]. 南京：东南大学出版社，2016.

[9] 王正风，董存，王理金，等 . 电网调度运行新技术 [M].2 版 . 北京：中国电力出版社，2016.

[10] 罗辑，杨劲锋，肖勇，等 . 用电数据挖掘技术与应用 [M]. 北京：中国电力出版社，2015.

[11] 宋平 . 需求侧响应在国外电力削峰填谷中的作用 [J]. 上海节能，2004（2）：47-50.

[12] 朱成章 . 电力需求侧管理要重视需求侧响应 [J]. 供用电，2005（5）：7-8.

[13] 王东容，刘宝华 . 电力需求响应的经济效益分析 [J]. 电力需求侧管理，2007，9（1）：8-10.

[14] 曾鸣，王冬容，陈贞 . 需求侧响应中的经济性原理 [J]. 电力需求侧管理，2008，10（6）：11-15.

[15] 张钦 . 电力市场下需求响应研究综述 [J]. 电力系统自动化，2008，32（3）：

97–106.

[16] 束红春，董俊.销售侧分行业实行峰枯峰谷分时电价初探 [J].电力系统自动化，2006，30（14）：36–40.

[17] 曾鸣，王冬容，陈贞.需求侧响应在批发市场中的应用 [J].电力需求侧管理，2009，11（1）：11–15.

[18] 罗运虎，薛禹胜.低电价与高赔偿 2 种可中断负荷的协调 [J].电力系统自动化，2007，31（11）：17–21.

[19] 陈浩珲，程瑜，张粒子.引入保险机制的可中断负荷合同设计 [J].电力系统自动化，2007，31（16）：19–23.

[20] 刘宝华，王冬容，赵学顺.电力市场建设中的几个本质问题探讨 [J].电力系统自动化，2009，33（11）：1–5.

[21] 王建军，李莉，谭忠富，等.电力需求侧响应利益联动机制的系统动力学模拟 [J].系统工程理论与实践，2011，31（12）：2287–2295.

[22] 潘璠，贾文昭，许柏婷，等.广东电网需求侧响应潜力分析 [J].中国电力，2011，44（12）：21–25.

[23] 袁志坚，刘旭娜.智能电网与电力需求响应的研究 [J].四川电力技术，2011，34（05）：1–4，13.

[24] 石怀德.基于需求响应技术的电力供需双向调节机制综述 [A].中国通信学会普及与教育工作委员会.2011 电力通信管理暨智能电网通信技术论坛论文集 [C].中国通信学会普及与教育工作委员会：中国通信学会普及与教育工作委员会，2011：3.

[25] 于娜，何德明，李国庆.电力需求响应的决策因素与分类模型 [J].东北电力大学学报，2011，31（4）：112–116.

[26] 靳华伟，秦立军，陈茜，等.关于智能电网中需求侧响应技术的探讨 [J].中国电业（技术版），2011（7）：17–22.

[27] 曾鸣，刘玮，李娜，等.电力负荷削减响应项目价值评估——基于 B-S 定价 [J].技术经济与管理研究，2011（2）：3–6.

[28] 王蓓蓓，李扬.面向智能电网的电力需求侧管理规划及实施机制 [J].电力自动化设备，2010，30（12）：19–24.

[29] 陈星莺，陈璐，廖迎晨，等.考虑可中断负荷和需求侧竞价的供电电价模型研究[J].电力需求侧管理，2010，12（5）：14-18.

[30] 孙芊，彭建春，潘俊涛，等.多时段电力需求响应的阻塞管理[J].电网技术，2010，34（9）：139-143.

[31] 赵鸿图，周京阳，于尔铿.支撑高效需求响应的高级量测体系[J].电网技术，2010，34（9）：13-20.

[32] 王冬容.价格型需求侧响应在美国的应用[J].电力需求侧管理，2010，12（4）：74-77.

[33] 程诚，刘璐.浅析电力市场需求侧响应机制[J].中国电力教育，2010（S1）：39-40，44.

[34] 侯贺飞，刘俊勇，刘友波，等.计及环保与需求响应的多目标中短期交易计划修正[J].电力系统保护与控制，2010，38（12）：7-12，18.

[35] 李轶鹏.智能电网中的需求侧响应机制[J].江西电力，2012，36（06）：55-58.

[36] 曾鸣，薛松，朱晓丽，等.低碳背景下考虑发用电侧不确定性的社会福利均衡仿真研究[J].电网技术，2012，36（12）：18-25.

[37] 李昊扬.基于需求侧响应的电动汽车有序充电研究[D].天津：天津大学，2012.

[38] 李国栋.欧洲与美国需求侧管理创新与发展趋势（下）[J].电力需求侧管理，2012，14（6）：59-61.

[39] 张璨，王蓓蓓，李扬.典型行业用户需求响应行为研究[J].华东电力，2012，40（10）：1701-1705.

[40] 姜浩斌.湖南省基于需求侧管理的峰谷分时电价政策研究[D].长沙：长沙理工大学，2012.

[41] 张鸿，李子苔.电力企业响应政府开展电力需求侧管理城市综合试点建设[J].电力需求侧管理，2012，14（5）：33-35.

[42] 于海江.电力需求侧管理需摆脱"孤岛"思维[N].中国电力报，2012-09-13（008）.

[43] 程瑜，董楠，安甦.支撑风力发电的需求响应匹配分析研究[J].电力系统保

护与控制，2012，40（17）：30–34+40.

[44] 史乐峰. 需求侧管理视角下的电动汽车充放电定价策略研究 [D]. 重庆：重庆大学，2012.

[45] 宗柳，李扬，王蓓蓓. 计及需求响应的多维度用电特征精细挖掘 [J]. 电力系统自动化，2012，36（20）：54–58.

[46] 曾鸣，马少寅，刘洋，等. 基于需求侧响应的区域微电网投资成本效益分析 [J]. 水电能源科学，2012，30（7）：190–193+213.

[47] 张沛，房艳焱. 美国电力需求响应概述 [J]. 电力需求侧管理，2012，14（4）：1–6.

[48] 吴耀武，娄素华，余永泉，等. 考虑用户需求响应的电网过载风险评估与控制 [J]. 水电能源科学，2012，30（6）：197–200.

[49] 杨文海，王敬敏，高亚静. 电动汽车有序充放电管理策略设计 [J]. 能源技术经济，2012，24（6）：26–31.

[50] 石怀德，袁静伟，郭明珠. 基于自动需求响应及高级泛能管理用户侧主动响应集成控制互动设备研制与应用 [J]. 电气应用，2013，32（S2）：153–157.

[51] 石坤，赵建立，王鹤，等. 我国自动需求响应技术支持系统研究 [J]. 电气应用，2013，32（S2）：98–101.

[52] 严春华，曹阳，高志远，等. 需求响应管理系统设计 [J]. 电气应用，2013，32（S1）：239–242.

[53] 赵慧颖，刘广一，贾宏杰，等. 基于精细化模型的需求侧响应策略分析 [J]. 电力系统保护与控制，2014，42（1）：62–69.

[54] 李轶鹏. 智能电网中的需求侧响应机制 [A]. 江西省电机工程学会. 2013 年江西省电机工程学会年会论文集 [C]. 江西省电机工程学会：江西省电机工程学会，2013：4.

[55] 盛万兴，史常凯，孙军平，等. 智能用电中自动需求响应的特征及研究框架 [J]. 电力系统自动化，2013，37（23）：1–7.

[56] 徐占滨，王立竹. 基于电价机制的用户需求响应研究 [J]. 中国新通信，2013，15（23）：34.

[57] 赵功展. 电力需求侧现状管理及问题浅析 [J]. 企业导报，2013（23）：92–93.

[58] 代家强.面向工商业负荷的智能用电能量管理建模及优化研究 [D].天津：天津大学，2014.

[59] 何珍栋.大型公建负荷预测及空调冷冻站需求响应节能运行研究 [D].北京：北京建筑大学，2014.

[60] 孙宇军，李扬，王蓓蓓，等.需求响应促进可再生能源消纳的运作模式研究 [J].电力需求侧管理，2013，15（6）：6-10.

[61] 曾鸣，李娜.兼容需求侧资源的负荷预测新方法 [J].电力需求侧管理，2013，10（10）：59-62.

[62] 沈冬.面向需求侧响应的基于负荷预测三相负载调度算法 [A].中国电机工程学会电力信息化专业委员会、国网信息通信有限公司.2013 电力行业信息化年会论文集 [C].中国电机工程学会电力信息化专业委员会、国网信息通信有限公司：人民邮电出版社电信科学编辑部，2013：8.

[63] 高媛，孙军平，范闻博，等.用户侧需求响应系统试验技术研究 [J].电气应用，2013，32（17）：40-45.

[64] 高曦莹，马一菱，张冶，等.国外电力需求响应的发展经验对辽宁电网的启示 [J].东北电力技术，2013，34（6）：47-50.

[65] 刘壮志，许柏婷，牛东晓.智能电网需求响应与均衡分析发展趋势 [J].电网技术，2013，37（6）：1555-1561.

[66] 杨廷志，文小飞.改进神经网络的短期负荷预测模型及仿真 [J].计算机仿真，2014，31（10）：145-150

[67] 易灵芝，刘智磊，龙辛.基于互信息冗余性分析的神经网络风电功率预测 [J].湘潭大学自然科学学报，2016，38（2）：68-72.

[68] 张平，潘学萍，薛文超.基于小波分解模糊灰色聚类和 BP 神经网络的短期负荷预测 [J].电力自动化设备，2012，32（11）：121-125+141.

[69] 姚李孝，宋玲芳，李庆宇.基于模糊聚类分析与 BP 网络的电力系统短期负荷预测 [J].电网技术，2012，29（1）：20-23.

[70] 杨婕.基于实时电价的智能电网需求响应与能量调度策略研究 [D].天津：天津大学，2014.

[71] 汤庆峰，刘念，张建华.计及广义需求侧资源的用户侧自动响应机理与关键

问题 [J]. 电力系统保护与控制，2014，42（24）：138–147.

[72] 郭建祎. 计及区域风、光出力的电动汽车有序充电控制策略研究 [D]. 天津：天津大学，2014.

[73] 王莹莹. 基于需求响应与需求调度的配电网供电可靠性分析 [D]. 保定：华北电力大学，2015.

[74] 孙成龙，王磊，袁亚云. 需求侧参与备用的系统日前调度模型研究 [J]. 电力需求侧管理，2014，16（6）：1–7.

[75] 袁博，王莹. 面向需求响应的高级量测体系研究 [J]. 陕西电力，2014，42（10）：67–71.

[76] 孙宇军，李扬，王蓓蓓，等. 计及不确定性需求响应的日前调度计划模型 [J]. 电网技术，2014，38（10）：2708–2714.

[77] AMI 的部署将促进更多的住宅需求侧响应 [J]. 供用电，2014（10）：13.

[78] 王锡凡，肖云鹏，王秀丽. 新形势下电力系统供需互动问题研究及分析 [J]. 中国电机工程学报，2014，34（29）：5018–5028.

[79] 牛文娟，李扬，王蓓蓓. 考虑不确定性的需求响应虚拟电厂建模 [J]. 中国电机工程学报，2014，34（22）：3630–3637.

[80] 王蓓蓓. 面向智能电网的用户需求响应特性和能力研究综述 [J]. 中国电机工程学报，2014，34（22）：3654–3663.

[81] 陈沧杨，胡博，谢开贵，等. 计入电力系统可靠性与购电风险的峰谷分时电价模型 [J]. 电网技术，2014，38（8）：2141–2148.

[82] 葛少云，郭建祎，刘洪，等. 计及需求侧响应及区域风光出力的电动汽车有序充电对电网负荷曲线的影响 [J]. 电网技术，2014，38（7）：1806–1811.

[83] 朱兰，严正，杨秀，等. 计及需求侧响应的微网综合资源规划方法 [J]. 中国电机工程学报，2014，34（16）：2621–2628.

[84] 曾博. 面向低碳经济的主动配电网综合资源规划与决策理论 [D]. 北京：华北电力大学（北京），2014.

[85] 张会娟. 电价引导下电力产业链综合节能优化模型研究 [D]. 保定：华北电力大学，2014.

[86] 张鹏宇. 电力负荷管理系统效益及负荷响应资源研究 [D]. 保定：华北电力大

学，2014.

[87] 郑静，文福拴，周明磊，等. 计及需求侧响应的含风电场的输电系统规划 [J].
华北电力大学学报（自然科学版），2014，41（3）：42-48.

[88] 吴小东，张少迪，奚培锋. 基于需求响应的家庭能源服务设计 [J]. 电器与能
效管理技术，2014（10）：72-74.

[89] 罗波. 考虑分布式电源并网和需求侧响应的配电网综合规划方法研究 [D]. 广
州：华南理工大学，2014.

[90] 王丹，范孟华，贾宏杰. 考虑用户舒适约束的家居温控负荷需求响应和能效
电厂建模 [J]. 中国电机工程学报，2014，34（13）：2071-2077.

[91] 柳春芳，梁唐杰，王崇斌. 需求侧响应理论在电动汽车负荷管理中的应用研
究 [J]. 电气应用，2014，33（9）：24-27.

[92] 杨楠. 考虑源荷互动和风电随机性的电力系统安全经济调度方法研究 [D]. 武
汉：武汉大学，2014.

[93] 刘壮志，许柏婷，牛东晓. 智能电网需求响应与均衡分析发展趋势 [J]. 电网
技术，2013，37（6）：1555-1561.

[94] 全生明. 需求侧响应资源的经济性分析与市场均衡模型研究 [D]. 保定：华北
电力大学，2014.

[95] 包宇庆. 需求响应参与电力系统调频机理及控制研究 [D]. 南京：东南大学，
2015.

[96] 汤奕，鲁针针，伏祥运. 居民主动负荷促进分布式电源消纳的需求响应策略
[J]. 电力系统自动化，2015，39（24）：49-55.

[97] 李丹，刘俊勇. 风电接入后考虑抽蓄—需求响应的多场景联合安全经济调度
模型 [J]. 电力自动化设备，2015，02：28-34+41.

[98] 康守亚. 考虑需求侧响应的源荷协调发电调度研究 [D]. 广州：华南理工大
学，2016.

[99] 赵树青，杨秀，张美霞. 计及需求响应的含风电电网优化调度模型 [J]. 电器
与能效管理技术，2015（23）：69-74.

[100]李威，李庚银，葛磊蛟，等. 基于需求响应的负荷特性建模和优化控制方法
研究 [J]. 电气应用，2015，34（21）：18-23.

[101]戚野白，王丹，贾宏杰，等．基于归一化温度延伸裕度控制策略的温控设备需求响应方法研究 [J].中国电机工程学报，2015，35（21）：5455-5464.

[102]赵波，包侃侃，徐志成，等．考虑需求侧响应的光储并网型微电网优化配置 [J].中国电机工程学报，2015，35（21）：5465-5474.

[103]王蓓蓓，李义荣，李扬，等．考虑响应不确定性的可中断负荷参与系统备用配置的协调优化 [J].电力自动化设备，2015，35（11）：82-89.

[104]牛文娟．计及不确定性的需求响应机理模型及应用研究 [D].南京：东南大学，2015.

[105]马永武，黄明山，李如意，等．用户需求响应活动特性的精细化研究 [J].电气应用，2015，34（20）：102-105.

[106]孔祥玉，杨群，穆云飞，等．分时电价环境下用户负荷需求响应分析方法 [J].电力系统及其自动化学报，2015，27（10）：75-80.

[107]闫华光，陈宋宋，杜重阳，等．智能电网电力需求响应标准体系研究与设计 [J].电网技术，2015，39（10）：2685-2689.

[108]李童佳，张晶，祁兵．居民用户需求响应业务模型研究 [J].电网技术，2015，39（10）：2719-2724.

[109]丁继为，王磊，刘顺桂，等．美国商务楼宇参与需求响应综述 [J].电力需求侧管理，2015，17（5）：61-64.

[110]唐升卫，周伊琳，刘菲，等．基于用户舒适度约束的中央空调冷负荷需求响应策略研究 [J].电气应用，2015，34（18）：99-104.

[111]曾博，杨雍琦，段金辉，等．新能源电力系统中需求侧响应关键问题及未来研究展望 [J].电力系统自动化，2015，39（17）：10-18.

[112]李亚平，王珂，郭晓蕊，等．基于多场景评估的区域电网需求响应潜力 [J].电网与清洁能源，2015，31（7）：1-7.

[113]刘小聪，王蓓蓓，李扬，等．计及需求侧资源的大规模风电消纳随机机组组合模型 [J].中国电机工程学报，2015，35（14）：3714-3723.

[114]孙强．基于价格型需求响应决策优化模型的应用研究 [D].保定：华北电力大学，2015.

[115]刘树杰，杨娟．电力市场原理与我国电力市场化之路 [J].价格理论与实践，

2016，（3）：24–28

[116]裴海波，孙畅.售电侧放开对需求响应实施模式的影响[J].中国电力企业管理，2016（36）：49–50.

[117]马兵，王瑞峰.计及需求响应的主动配电系统优化调度研究[J].郑州大学学报（理学版），2016，48（4）：95–101.

[118]钱程.基于用户用电行为建模和参数辨识的需求响应应用研究[D].南京：东南大学，2016.

[119]张振.考虑需求响应的电力系统日前优化调度模型研究[D].保定：华北电力大学，2016.

[120]孙智卿，王守相，周凯，等.基于负荷分解的用户侧自动需求响应系统[J].电力系统及其自动化学报，2016，28（12）：64–69+88.

[121]李君宏.新形势下电力系统供需互动问题研究及分析[J].中国高新技术企业，2016（34）：166–167.

[122]钟国彬，苏伟，王超，等.需求响应构建能源互联基础[J].电器工业，2016（12）：34–38.

[123]李秀磊，耿光飞，季玉琦，等.主动配电网中储能和需求侧响应的联合优化规划[J].电网技术，2016，40（12）：3803–3810.

[124]木兰.智能电网中基于需求响应的实时定价及负载调度的研究[D].哈尔滨：哈尔滨工业大学，2017.

[125]孙静惠，曾鸣.我国需求响应分阶段商业模式研究[J].时代经贸，2016（33）：52–54.

[126]邓凯.电动汽车充电参与电力需求侧响应软件设计[J].电子技术与软件工程，2016（21）：68.

[127]张天伟，谢畅，王蓓蓓，等.美国商业建筑空调负荷控制策略及其在自动需求响应系统中的整合应用[J].电力需求侧管理，2016，18（6）：60–64.

[128]田雨，李如锋.基于电价与激励的需求侧资源可调度容量评估技术[J].电器与能效管理技术，2016（21）：63–70.

[129]王澹，蒋传文，李磊，等.考虑碳排放权分配及需求侧资源的安全约束机组组合问题研究[J].电网技术，2016，40（11）：3355–3362.

[130]邵靖珂，汪沨，谭阳红，等 . 计及需求侧响应的微网经济优化调度 [J]. 电力系统及其自动化学报，2016，28（10）：31-36.

[131]刘旭，杨德友，孟涛，等 . 计及需求响应的含风电场日前两阶段动态环境经济调度 [J]. 电力建设，2016，37（9）：146-154.

[132]景卫哲，刘洋，向月，等 . 基于需求侧响应的分布式冷热电联供系统能量管理策略 [J]. 电力建设，2017，38（12）：68-76.

[133]刘孝杰 . 面向主动响应和售电市场的主动配电系统负荷预测 [J]. 电力系统及自动化学报，2017，2（2）：121-128.

[134]李扬 .《电力需求侧管理办法》（修订版）解读 3[J]. 电力需求侧管理，2017，19（6）：62-64.

[135]彭政，崔雪，王恒，等 . 考虑储能和需求侧响应的微网光伏消纳能力研究 [J]. 电力系统保护与控制，2017，45（22）：63-69.

[136]郭崇，王征 . 需求侧响应下的两级优化调度策略研究 [J]. 信息通信，2017（11）：165-166.

[137]邢晶，张隽，李远卓，等 . 面向调度考虑不可控广义需求侧响应资源的负荷预测 [J]. 华北电力技术，2017（11）：18-24.

[138]王媛，周明 . 居民用户对分时电价的响应潜力评价方法 [J]. 电力建设，2017，38（11）：48-54.

[139]孙宇军，王岩，王蓓蓓，等 . 考虑需求响应不确定性的多时间尺度源荷互动决策方法 [J]. 电力系统自动化，2018，42（2）：106-113+159.

[140]林茸 . 新能源电力系统中需求侧响应技术应用及发展 [J]. 电子技术与软件工程，2017（19）：249.

[141]王海燕，同向前，路峤，等 . 基于需求侧响应和储能电量预估的微网运行调度策略 [J]. 电力系统保护与控制，2017，45（19）：86-93.

[142]赵兴旺，叶剑斌，汪锐，等 . 需求响应用户自动筛选模型与方法 [J]. 供用电，2017，34（10）：78-83.

[143]靳攀润，宋汶秦，张海生，等 . 智能电网需求侧响应评价指标研究 [J]. 数字通信世界，2017（10）：16-17+39.

[144]肖安南，张蔚翔，张超，等 . 需求侧响应下的微网源—网—荷互动优化运行

[J]. 电工电能新技术，2017，36（9）：71-79.

[145]党东升，韩松，周珏，等 . 需求响应参与系统调峰研究综述 [J]. 电力需求侧管理，2017，19（5）：13-17.